ものと人間の文化史

148

紫《むらさき》

紫草から貝紫まで

竹内淳子

法政大学出版局

紫草《むらさき》

紫草の花

紫根

染めた糸

紫根を水で洗う

染液をとったあとの紫根

染めた糸

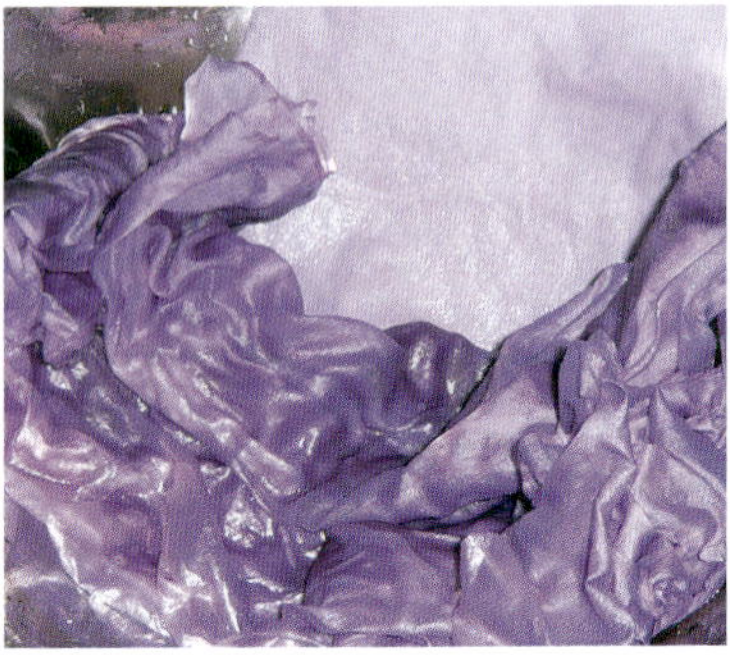

椿媒染で染めた色

雪原に糸を干す（ここに干されているのは紅花染の糸だが、紫根染の場合も同様に干す）

川の流れで水酸化する（山岸幸一さん）

左／国宝「天寿国繍帳」残欠（7世紀前半、中宮寺蔵）

わが国でもっとも古い刺繍作品。推古天皇三十年（622）、聖徳太子の逝去を悼んだ妃の橘大女郎（たちばなのおおいらつめ）が、天皇に願って太子往生の浄土、すなわち天寿国のありさまを、繍帳二帳に繍いあらわさせたものである。繍帳は法隆寺に納められていた。

本来の大きさは、縦一丈六尺（4.8メートル）、横四丈五尺（13.5メートル）あったが、江戸時代の修復の際に三段二列に貼り合わされ、縦88.8センチメートル、横82.7センチメートルになった。

人物の一部の顔が白いのは、修復に当たって、白い裂（きれ）を貼ったり、白粉を塗って目鼻を描いたものだが、服装は歴史的に重要な資料で、人物の動きなどがよくあらわされている（本文231頁参照）。

上／植物染めの色

左から

①木賊色（トクサイロ）　楊梅（ヤマモモの樹皮）を鉄媒染する。武官装束の色彩。

②深黄色（フカキキイロ）　伊吹山産の近江苅安で、青味のある黄金色に染まる。

③白橡色（シロツルバミイロ）　櫟（カシ）の果実で染める。貴族の普段着用。

④深紫色（コキイロ）　紫根を何回も重ね染めしたもので、古来日本の最高位の色彩。

⑤生糸（キイト）　絹糸を灰汁練りしただけのもの。

⑥深緋色（フカキアケイロ）　日本アカネで染め、さらに紫根で上染めしたもので、奈良時代の色彩。

⑦橡色（ツルバミイロ）　櫟の実を五倍子（フシ）で発色させた純黒色で、奈良時代の色彩。

⑧鞠塵色（キクジンイロ）　苅安と紫根の重ね染めで、太陽光で緑、灯火で赤紫色に変化する。平安時代の天皇の袍（ほう）の色。

吉野ヶ里遺跡（正面に見えるのは背振山．その向こうは福岡県）

甕棺内から人骨片・イモガイ製腕輪とともに出土した貝紫染（吉野ヶ里丘陵地区 SJ0135 甕棺墓．弥生時代後期初頭）

右　甕棺内から出土した人骨の右前腕に装着されたゴボウラ貝に付着していた貝紫染（同前 SJ0384 甕棺墓．弥生時代中期中頃〜後半）

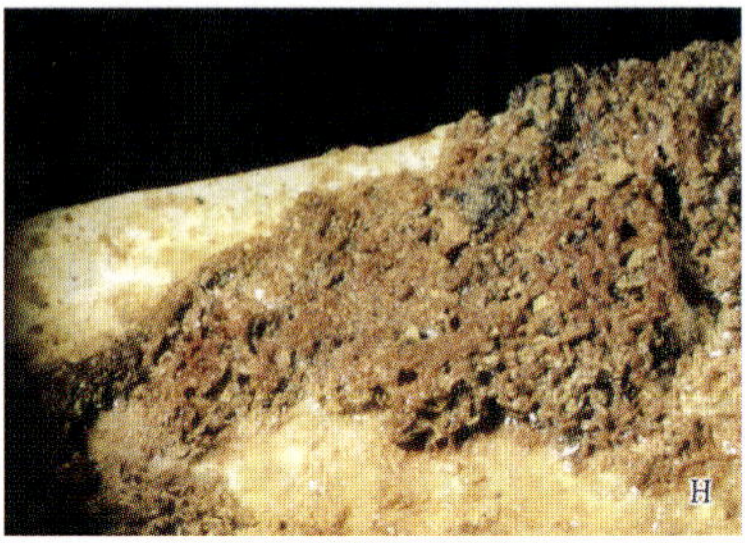

目次

紫草《むらさき》を栽培し、雪中に染める

米沢市赤崩《あかくずれ》は雪国であった

山岸幸一さんとは、何年振りの再会だろうか。

先年の一月の厳寒のとき、工房をお訪ねして、しかも深夜の紅花染を見学させてもらったのである。深夜を走るタクシーが凍った道を、バリバリと氷を砕く音を闇夜にひびかせて走った。今回は午前九時二十八分米沢着の私を、山岸さんが駅まで迎えに来てくれたのである。米沢は雪国そのままの姿であった。二、三日前まで五、六〇センチは積っている雪の上に、昨夜はさらに激しく雪が降りしきって、新雪が積っていたのである。

山岸さんは、

「今朝、雪掻きをしてきました」

と、ぽつりといった。山岸さんの家は、通りから玄関まで広い敷地内を歩く。おそらくそこを雪掻きしたのであろう。雪掻きと簡単にいうが、東京の、二、三センチ降る雪でも大変なのに、一メートルを越す積雪の雪を搔くのは想像をこえる作業だとおもう。しかも早朝の雪搔きは、訪問者の私のためであろう。私はいつも感じることだが、このような取材訪問は私の勝手である。この訪問によって仕事のリズムを狂わせることもあり得る。このような闖入者を、快く受け入れてくれることに感謝しなければならない。有難いとおもいつつ胸が痛む。

山岸さんは車から膝まであるゴム長靴を出すと、私に履き替えるようにいう。私も雪は想像していたので短靴だが雨靴を履いてきた。「でも、それでは無理だな」と山岸さんはいうのだった。私は膝まである長靴をお借りして、履き替えた。雲間から、少し太陽が顔を見せていた。

「サングラスしないでいいですか?」と山岸さん。私はバッグの中にサングラスを入れ、車の後部座席に置いていたので、またまた手間をかけてはと遠慮した。

「太陽に目を向けなければ、大丈夫ですよ」と、山岸さんの言葉。

山岸さんの工房は、米沢駅から南へ行った赤崩にある。赤崩は福島県と山形県の県境に近く、西吾妻山(標高二〇二四メートル)、東大嶺(標高一九二八メートル)、東鉢山(標高一五一二メートル)の山々が望まれ、兜山(標高一一九九メートル)が、名の通りの形のよい三角形の山容を見せている。これらの山々から流れ出る沢の水は川となり、やがて最上川に流れ入る。

私が紫根染について山岸さんに電話をしたのは、紫について一冊を書こうと決心した十二月も押しつ

まった日で、あと二、三日で新年というときであった。山岸さんは、

「ちょうど、来年早々に紫根を染めようと考えていたところでした」

という返事であった。あとで聞いたのだが、私の電話を山岸さんは〝テレパシー〟といっていたのである。

　私としては、紫根は貴重なものであること、寒い冬の時節に染めること、を念頭に電話をしたのだが、まったく運が良かった。


米沢市とはいっても、赤崩は深い雪の中であった。

「今朝、雪掻きをしてきました」

といっていた雪の道を玄関に向かう。雪掻きといっても、都会の雪掻きのようにシャベルを使うのとは違うことを知らされたのは、玄関の脇に置かれていた小型の除雪車を見たときである。この除雪車を使わなければ、除雪できないほどの深い雪なのであった。

　庭の木々に雪吊りが施してあり、玄関には大きな板戸が二重に嵌め込まれていて、改めて雪の中の暮らしを実感するのだった。

紫根から紫液を得る

早速、紫根染をする山岸さんの後について工房に行った。

工房には、染めに必要な道具が手順よく、整然と置かれている。

紫根は山岸さんが、自分の畠で栽培したものを使う。宿根草の紫草は栽培がむずかしいうえに、染液を得るには根を使うので手間がかかる。木臼に紫根を入れ、六〇℃くらいの熱湯を注いで杵で搗く。杵は竪杵《たてきね》である。暗紫色の液が臼に溜ると、この液を半切盥《たらい》に入れる。液の量は少しずつなので、これを三回くらい繰り返し、途中で烏梅《うばい》を加える。烏梅を加えるのは、山岸さんの独創である。

染める糸はサワフタギ（ハイノキ科＝にしごりともいう）を焼いた灰の上澄液に浸け、媒染しておく。媒染した糸を染液に浸け、絞って、さばき風を入れる。これを三回以上繰り返して糸を染める。紫根の液を吸収して、糸は薄い紫色となる。さらにこの液に糸を浸け、染めむらができないよう最初は五分おきに糸を返し、そのあと十五分おきに糸を繰る。そのまま一晩浸けておく。染液の温度が冷えたら流水で水酸化させ、風と太陽に当てる。染液は冷めているので、六〇℃くらいに高め、前と同じ工程を二、三日間繰り返す。この間にも、紫根を臼で搗き、染液を取り、液の濃度を高めるのである。紫根は根気よく臼で搗いて染液をとると、十五、六回ぐらい使える。糸を染める途中で三十分くらい灰汁に浸け、絞って天日に当てて乾燥し、そのあと室内に取り込んで、四、五日枯らす。

上／サワフタギの花（赤崩草木染研究所）

下／サワフタギの枝を焼いて木灰を取る（同上）

私は山岸さんの手技の動きを見ているだけで、頭の中がパニックをおこしそうだった。それは一般的にいう草木染とは異なった細やかさがあり、大切なものを扱うような丁寧さがあったからだ。

その山岸さんは臼から染液を半切盥に移すときに使った柄杓の一滴を、手で丁寧に受けて盥の中に入れたのである。

「もったいないですからね」

手に入りにくい紫根から得る染液は貴重で、一滴といえども無駄にはできないのである。

染めるには、良質の原料の入手からはじまる。山岸さんは紫草のほか紅花なども栽培している。種子を蒔いて育て、染料として使うまでには並々でない日時が必要だが、納得できる染料を手に入れるために、人の目に触れないところで努力しているのであった。紫根液の一雫《ひとしずく》を「もったいない」という気持が、私には痛いほどわかる。

一貫して手仕事の世界

山岸さんは、臼の中の紫根を杵で搗きながら、ひとりごとのように、呟くようにいう。

「こうやって、ものをいわない相手と向き合ってきたから、わたしの仕事も続けられたのかも知れません。色を出す、糸の綛《かせ》を手で操って触れる、というように、素材に直接手を触れることで、わたし自身が落着き、安らぐんですよ。ですから植物染料などを扱っても、そのものをしっかりと生かしていくことが出来るのかも知れませんね。そのためには、ものに対して無心になって、集中しないと感性が狂います。糸が染液を吸収している状態のとき、自分も集中していると、糸が言葉を掛けてくれます。「もういいよ」とか、「そろそろだね」とか、ものいわぬものが、わたしと対話するんです」

暖房のない工房は寒い。が、じっくりと山岸さんの仕事を見ていると寒さは感じない。

「工房は寒い、仕事は厳しいという先入観をもっては、仕事はできませんよね。わたしは機屋に生まれ育ちましたが、伝統工芸の織物と機械生産の織物とが比較でき、手で生まれ出る織物がいかに優れているかがわかったから、今でもこの仕事が続けられるのです。手仕事の良さ、草木染の良さ、手織りの良さがわかったから、伝統衣裳の文化、つまり日本のきもの文化の素晴らしさがわかる。だいたい和服は平らに畳めますよね。畳むときに生地に触りますね。付属には紐や帯を組み合わせる楽しみがあります。そういうものも、手を使って着ますから」

山岸さんの語りは静かである。冷えきった静かな工房で、逆に山岸さんの紫根に対する熱情が私に伝わってくる。

「それと心《こころ》ですね。ものに対して心が無では、ものはなんにも伝えてくれません。心って心情、思い入れでしょう。糸一本にしても〝一本の糸〟と思ったらいけないんですよ。一本の糸が、織ったときにどのようになるか、他の糸とどう交わっていくか。糸同士がうまく交わって、良い織物ができるわけですからね。経糸《たて》と緯糸《よこ》が交差して織物が出来ますが、人間社会と同じです。人と人、心と心が交わり合って生きているのと同じだと、わたしにはおもえます」

山形県米沢市は、藩政時代、上杉鷹山公が殖産の一つとして桑を植えさせ、養蚕を奨励した。以来、米沢市は絹織物の町として発達してきた。だから昭和二十一年（一九四六）生まれの山岸さんの幼少時代は、戦後の織物隆盛時代で、織物を織れば売れていった時代であったとおもわれる。そのときのことを、山岸さんは回想していった。

「わたしは動力機の音の中で育ったんですね。幼いころ動力機の音が止まると泣き出した、といわれましたよ」

そのような環境で育ったので、学校を卒業すると、すぐに家業を手伝った。ところが仕事として機械を前にすると、動力機の音が無機質に響き、そのなかで、いかに能率よく量産するか、いかに販売し、経済力を高めるかなどに一生懸命になることに、疑問を感じるようになったそうだ。

「ある日、動力機で織るのとまったく同じ材料を使って、手機で織ってみたんですよ。その結果は歴然としてましたね。人間が身に纏う織物は、最初から最後まで人間の手が作り上げたものが一番だとね」

山岸さんが織物に自分そのものの「魂」を吹き込みたい、と願うようになった原点がここにあった。するとと素材の糸から始めなければならない。

「蚕は現在、五種類を飼ってます。櫟《くぬぎ》を植え天蚕《てんさん》も飼ってます。天蚕の繭ばかりでなく、すべての繭から糸をつむぎ出します。その繭から糸をつむぎ出します。その繭から糸をつむぎ出しますが、生繭といって、中の蛹《さなぎ》を殺さないで、袋真綿にして糸をつむぎ出すのです。こうしてつむぎ出した糸には艶があります。その糸をわたしは「絹《きぬ》綿《わた》紬糸」といっています。この前、以前養蚕をやっていたというお年寄と話をしましたが、その人がいうには「蚕は可愛い」というんですね。まるでペットのように愛情をそそいでいるのです」

黄金色の繭は、真綿にする工程でその汁から微かな色が出る。その色素を「あけぼの繭」の白い糸に染め付けたのが「黄金繭色素染春来夢」（商標登録第四六四四四八九号）である。目にした春来夢は、黄金繭の名残りの色をしっかりと糸にとどめて、やわらかなクリーム色をしていた。

「こうした発想は？」と、私。

「いつも、じっと対象を見つめていると、ふっと思いつくんですよ。それで何回も実験してやっとできます」

山岸さんの探求心は工房の土地探しから始まった。現在の工房の土地は米沢市の南端、つまり村山盆地の最南端の地で、吾妻山が望まれる。山地から流れ出た川は、やがて最上川に合流する。早春は山の雪解け水が岩を嚙み、ゴーゴーと瀬音をたてて流れる。この川から引いた用水で田がひろがり、初夏のころ、若緑の稲田に風が吹きわたる。

「風もまた大切なんですよ。染めた糸は木陰の光の中で風を受けて乾燥させるんです。そうした環境

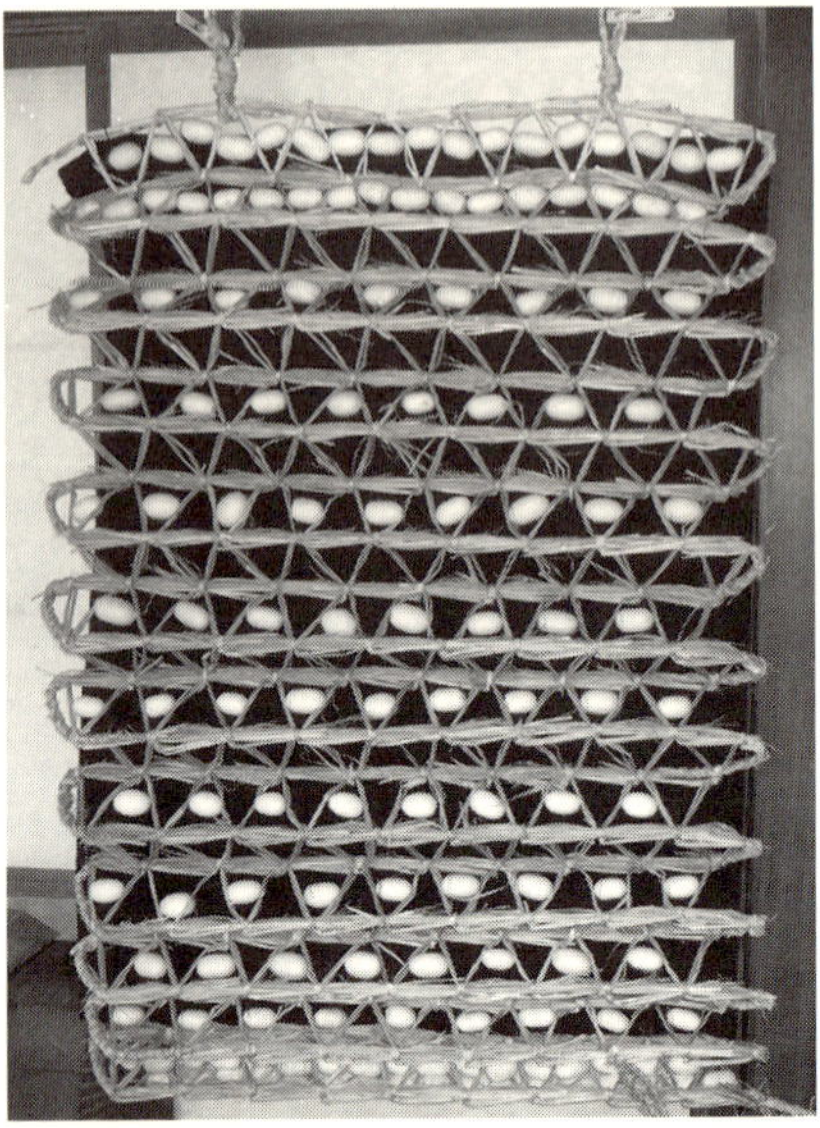

五種の繭（山岸さん宅にて）

を探していたわけですよ」

草木染にはまことに理想の地であった。しかも川の水は山形大学工学部で水質検査をしてもらったところ、鉄分が微量（〇・〇一PPM）、ほんのわずかアルカリ性の軟水であったこと。そのうえ、発色を促す酸素が豊富で、水温の差が一年を通して少ないことなど、山岸さんが追い求めていた理想の水であったのだ。この川の水を、工房の中の床下に引き込み、利用している。この地に『赤崩草木染研究所』を建てて、三十年余り。今までの功績に対して、平成十七年に「技能功労者賞」を米沢市から受けた。この話をするとき、静かな山岸さんの表情がふっとゆるんだ。

「今度の紫根染は、運が良かったです。十二月末に電話を受けたとき、一月早々には紫根を染めようと思っていたんですよ。ここ一、二年は染めなかったんです。染めた糸がありましたし、今もありますけど、そろそろ染めようと思っているときの連絡でしょう、びっくりしました」

「私も前から考えていた『紫』を、そろそろ纏めようかと考えていました」

二人で、テレパシーかなといいながら顔を見合わせて笑った。

じつは、紫根を手に入れるのはたいへんで、自家で紫草を栽培している山岸さんでも、紫根染は計画的に行なっていたのである。

染液づくりから染めるまで

① 紫根を木臼に入れ、杵で搗く。搗くときに六〇℃〜八〇℃くらいの熱湯を少量ずつ注ぎながら、なお搗き続ける。

「このとき、烏梅を少し食べさせる」とのこと。

この烏梅を入れるのは、山岸さんの独自の発想で、烏梅は月ヶ瀬（奈良県）の中西喜祥氏製のもの。

「烏梅を使うと染め付けがいいですよ」とは、山岸さんの言葉。

② 臼に溜まった染液を、傍らの木製の半切盥《たらい》に移す。

③ ①と②の作業を三、四回繰り返して染液をとる。

④ 半切盥の染液の温度は五〇℃〜六〇℃まで。

染める前の、工房の準備

紫根を木臼に入れる

臼の中の紫根に湯を注ぎ
杵で搗く

染めを待つ糸

糸を染める

⑤ サワフタギの木灰の上澄液に糸を浸けて干し、浸けて干しを十回くらい繰り返し、十日ほど休ませる。その糸を④の液に浸す。しっかりと媒染した糸には、染液はしっかりと浸透する。

「数回、さばき風を入れながら染色を繰り返し行なうことで、色素が繊維にじわっと効いてきて、色の深まりが高まります」。

⑥ 染液から出して絞り、さばいて風を通す。これは手早く行なう。

⑦ 染液に浸し、絞って、さばいて風を通すという⑥の工程

を、三回から五回繰り返す。

⑧ 染液に糸を沈め、最初は五分、次から十五分間隔で染液中の糸を上下に繰り返し、一晩そのまま染液に浸しておく。

⑨ 翌朝、自然流水で糸を水酸化させる。

山岸さんの家の脇を流れる川まで、早朝まで降り続いていた新雪を踏んで行った。川の流れの中で、かすかに糸を繰る音が聞こえてくる。山岸さんの手が真赤になっている。「冷たいですか？」と、私。

糸を繰りながら「冷たいですよ」という山岸さんの返事。

⑩ 流水で水酸化させた糸を絞り、雪原を歩いて、山岸さんの家の庭の干し場に向かう。干し場で外気の風に当て、乾いたら室内に取り込む。

⑪ 三日目ぐらいに、サワフタギの木灰汁に三十分くらい浸け、絞って天日に干す。

⑫ ⑪の糸を室内に取り込み、四、五日枯らす。

⑬ 一回目に臼で搗いた紫根を、ふたたび臼に戻して搗き、染液を取り、染めを行なう。

「このようにして紫根は、十五回から十六回ぐらい繰り返して色素を取り出す」と、山岸さん。

⑭ ⑤から⑬を繰り返す。染液は臼で搗いて追加するが、液温が下がったら五〇℃～六〇℃まで高める。

上／染めた糸を川で水酸化させる

下／山岸幸一さん

⑮ 以上の作業の繰り返しのあと、湿度と温度を管理しながら一年間寝かす。
⑯ 二年目になったら、糸を出して①からの工程を繰り返す。
⑰ さらに三年目までこの工程を繰り返し、色の堅牢度と濃度を高める。

山岸さんは、「手のかかる紫根染は、冷染の技法の特殊な染め方なのですよ」という。

なお、以上の工程は山岸さんからの聞き書きによるものであり、私の聞き違えによる誤りがあるかもしれない。その点はご了承いただきたい。しかし、さまざまな工程を何度も何度も繰り返し、何年もかかってようやく染め上がることは、読者にも理解していただけることと思う。

深紫染のきものへの想い

山岸さんは、奥の部屋から一枚のきものを持ってきて、衣桁にかけて見せてくれた。紫根染の深い紫色は、どっしりと落着いている。もう一度目を移すと、華やいでいる。

「絶対に売りたくないきものですよ。この色は、わたしの手元に置いて、色の見本にしたいんです」

濃い紫色を深紫《こきむらさき》という。『延喜縫殿式』では、深紫を染めるには「綾一疋に、紫草三十斤、酢二升、灰二石、薪三百六十斤、帛一疋に、紫草三十斤、酢一升、灰一石八斗、薪三百斤」を用いることになっている。この深紫の「深」は平安時代には「深《こき》」と読まれるようになるが、紫は色の中の色として別格

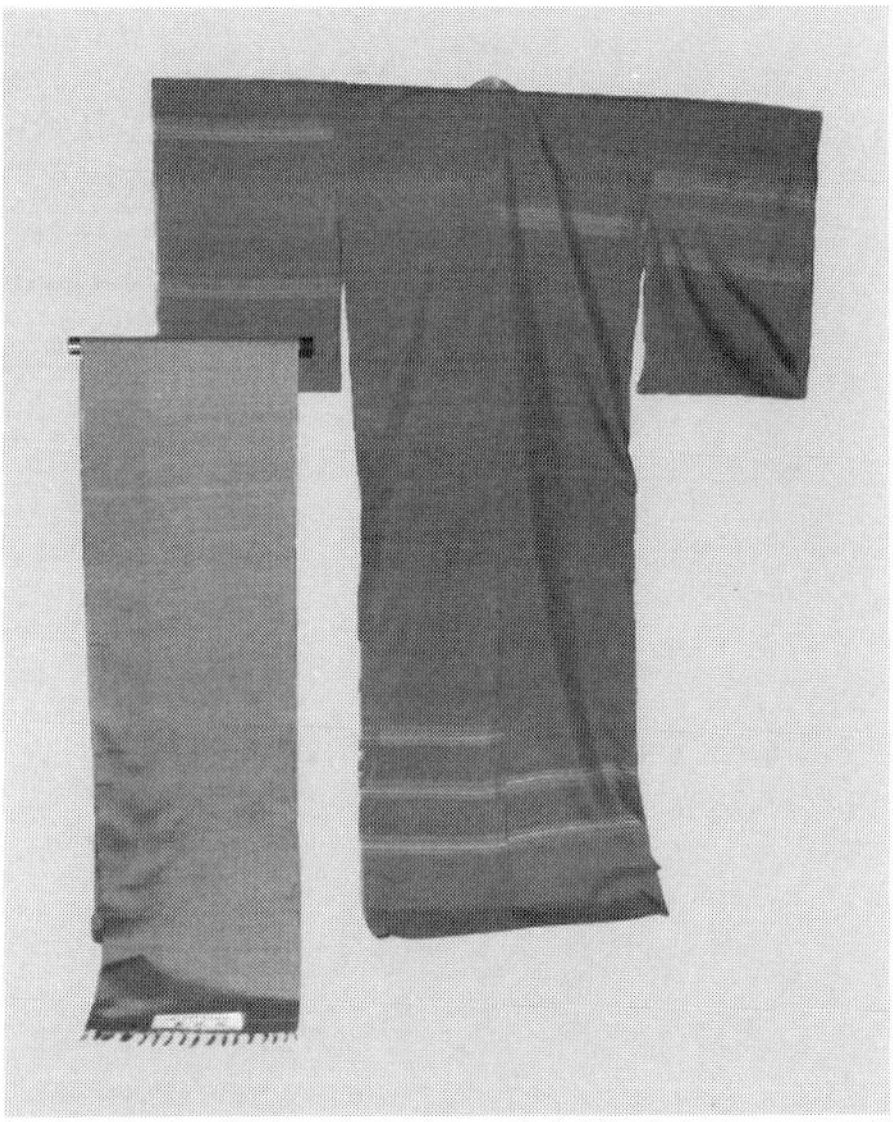
紫根染のきもの

とされていたため、「深紫」には「紫」を付けず、「こき（深）」といえば深紫のことであった。また「こき（深）色」と呼ぶこともある。この深紫は一位の衣の色で、臣下最高位の色であった。

私はこのきものを前にして息を飲んだ。

ここに到達するまでの、気が遠くなるほどの工程、手技、年月、それらを支える精神力。紫根の堅い根を臼で搗く姿が、このきもののむこうに見えて胸が熱くなる。山岸さんは、

「わたしは、作品を伝統工芸展に出品していますが、それは制作者である自分の目だけではなく、より多くの人の目に、作品がどのように映るか知りたいためです。きものにも「用の美」が求められますから。ただね、紫色は蠟燭《ろうそく》の明かりで見たときが一番美しいんです。今は照明が違うし、住環境も違います。わたしはそれに打ち勝っていかなければならないと思っています」

という。着ることによって織物が体になじみ、見て美しいのが用の美なのだ。織りは織る人の心が表れる。織る人の心が聞こえてくる。山岸さんは部屋にある草木塔（山形地方の草木の供養塔）の拓本に向かって偽りのない仕事を、と毎朝祈ってから仕事にかかるそうだ。

今の世の仕事とは思えないほどの紫根染の工程をおもう。きものを通して、ふっと作り手の想いがよぎるのだった。

江戸末期から眠っていた紫根染の復元

川俣町は明るい街だった

福島県の川俣町に行くために、雪の深い米沢市から朝早くホテルを出た。ホテルから駅まで遠くはないのだが、歩道はアイスバーンになっていて、滑らないように一歩一歩足を踏みしめて歩いた。ところが福島駅に着くと太陽が輝いていた。日本海の雪雲は吾妻山脈で遮られていたのである。

ＪＲ福島駅からバスで四十五分と聞いていた。川俣行きのバス停を確かめてから、駅の構内で朝食を済ませ、バス停に立つと、太陽は輝いているのに吹く風は冷たい。出発に先だって、地図で川俣町を確かめると、阿武隈山地の一角に位置していて、山の中の町という認識であった。

私が川俣町の山根正一さん（昭和十二年生）の名前を知ったのは、約三十年ほど前のことではなかったろうか。その頃、山根さんは、地元の旧家で見付かった紫根染の掛け袱紗《ふくさ》の紫の色に惹かれ、山中で紫草を見つけ、長らく途絶えていた紫根染を復元したのである。やがて紫根染で伝統工芸展に出品して入賞した。が、会う機会はなかった。

川俣町の街並み

今回、その紫根染についてのお話を聞きたいと電話をすると、

「紫を染めている山根です」

という返事があって、

「どうぞ、いらしてください。米沢の帰りなら好都合ですよね。ただバスの本数は少ないし、寒いから気を付けて」

という。が、私は自分の名前は名乗ったが、紫根染のこと、などという話はしていない。細かいことを話して了解してもらわなければ、初対面では申し訳ないとおもって、

「染織を研究している竹内淳子です」というと、

「はい、知ってますよ。本も読んでます」

という返事であった。初めて会う人なのに、ずいぶん昔から知っているような気がして嬉しかった。川俣町への旅は期待で胸がふくらんだ。


福島駅発のバスの乗客は五、六人だったろうか。福島市街を抜けると、曲り曲った山の道である。バス停で一人乗り、一人降りるという程度のバスの旅は、のびやかで楽しい。打ち合わせのと

おり、町の中心の中央公民館前で下車すると、山根さんがバス停に立って迎えてくれた。山路をバスに揺られてきた私には、川俣町は山中に忽然と現れた市街地という印象である。遠くに山の姿があるが、広く、明るい街であった。

掛け袱紗《ふくさ》の紫根染の色に魅せられて

招じ入れられた部屋のテーブルの上に、紫根染の掛け袱紗が置かれていた。私が最も見たいものの一つである。美しい紫色は年月を経て、色に落着きを見せている。紫根染の正真正銘の染め色に感動した。

「この町に〝ふじ屋〟と〝むらさき屋〟という屋号を持つ旧家がありましてね。そのうちの〝ふじ屋〟の古文書から見つかったのが、この掛け袱紗です。袱紗を所蔵していた家は、樋口一葉の縁戚だそうで大家《たいけ》です」

「定紋が縫い絞りで表現されています。袱紗を手に、そうっと縫目のなかに隠れているところを見ると、ほんとうに美しい紫色をしているんですね。わたしは、その色の美しさに魅せられたんですよ。それでこの地で生まれた紫根染を、川俣紫を復元してみたいと熱中しました。紫根染について、鹿角花輪《かづのはなわ》(秋田県)の栗山文一郎さんのところで教えてもらったんです。三十代のときですね。夢中で染めて、織って、伝統工芸展に出品したら、いきなり受賞してしまって。昭和五十九年『淡粧』という作品です。そのときの審査員の先生が、〝あなたの背中には、千四百年の歴史がある〟と、いってくれました」

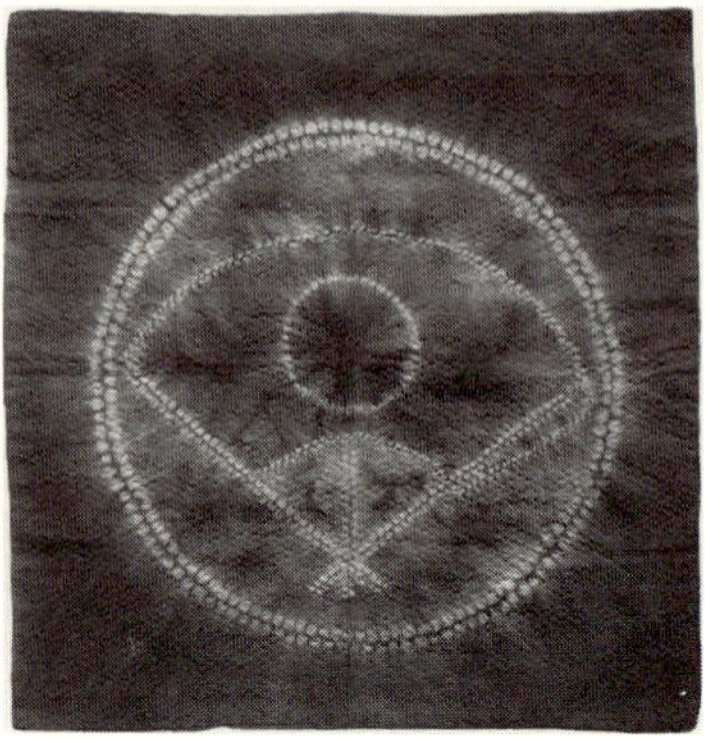

江戸時代の掛け袱紗

山根さんは一気に、しかし東北の人らしい実直さで話してくれる。審査員のいう千四百年の歴史というのは、絹織物に千年以上の歴史を持つ川俣町のことを語っているのであった。

「この地方では紫草は大切な植物だったですね。染料用のほかに、薬草としても紫根を使っていました。〝根むらさき〟と呼んで、〝傷〟〝火傷《やけど》〟〝虫さされ〟なんかに使われていました。傷には生のまま付けていたらしく、紫色の薬をつけた子を見かけましたよ」

「火傷や、虫さされには良く効くといわれてましたね。一度乾燥させた紫根のエキスを食用油で抽出して、傷口につけました。紫根は、掘り出して土を落とします。生のままだったら青に近い紫色がすぐに出せますが、乾燥させたものを、食用油を使って抽出させると赤紫になります」

山根さんは立ち上ると、棚から小さなケースを出して蓋を開けて見せてくれた。

「これは自家用の〝紫雲膏《しうんこう》〟です。火傷に効くんですよ」

近所の人が、薬を貰いに来ることがあるそうだ。紫雲膏は、花岡青洲がつくり出した薬である。

「紫根は家庭薬として昔から常用されていたんですね。聞いた話では、六十年ほど前にはこの川俣町内に三軒の生薬屋《しょうやく》があったようです。紫根を扱っていたので、専門に紫根を採取する人を雇っていたんですね。生薬屋は〝堺屋〟〝安達屋〟〝山崎屋〟で、とくに堺屋は、道路に根むらさきやかっぽ（この地では五倍子《ふし》のこと）を一面に広げて干していたといいますよ。のどかな風景ですよね」

「また、以前、町に回天堂医院といって、火傷専門の医者がいて、紫根を使っていたんですね。囲炉裏で暖をとっていた時代は、火傷が多かったのでしょう。薬は秘伝とされていましたけど、多分、白色ワセリンや硼酸末《ほうさんまつ》なんかを加えて調合していたんじゃないですか」

「さっき話した生薬屋の〝山崎屋〟のお婆さんに聞いた話があるんですよ。その人が今、ご存命なら百三十歳ぐらいになるでしょう。その人の記憶では、十四、五歳のころ、近くの山中で紫草の群生地が見つかって、川俣紫のブームが起こったそうですよ。誰もが山に入って採るので立木が枯れたりして大騒ぎになったって。その後は、川俣紫も下火になってしまったようです。染めても見たらしいけど、美しい色にならなかったんですね」

紫草の話になると、山根さんの話は尽きることがない。

よく晴れた日で、話している部屋は太陽の恵みで、ほかほかと暖かく、紫根の話もやさしくあたたかい。

「むかしはこの近くの山地に紫草がありましたね。この辺の山地は火山灰地の土壌ですから、紫草が自生するのに向いていたんです。今では自生のものを探すのがたいへんですから、少しばかり種子を播いて栽培してます」

奥さんが紫草の種子の入ったケースを持ってきて、見せてくれた。直径二、三ミリの灰白色をした球形の琺瑯質のような種子であった。種子は適当な湿度が必要なため、湿らせた砂の中で保存する。

私は紫草の花の咲く六月に、また川俣町を訪ねたいとおもっていた。

紫根で染める

別棟の染め場に案内される。

灰汁は椿から取る。

「このあたりは椿沢という地名があるくらいで、椿の木が多いんですよ」

と、山根さん。

すでに椿の灰から灰汁を取り、媒染して、染めの下準備を済ませた糸が用意されていた。

「この下準備がなかなか手間ですよ。一日に四、五回、それを一ヵ月三十回行なって陰干しします」

染め場には、すでに石臼に紫根が入っていて、熱湯（五〇℃～六〇℃）を入れ、竪杵で搗き、根を麻袋に入れて染液を絞り取るのである。袋をきつく押さえると、濃い赤紫色の液がしたたり落ちる。山根さんの紫根染は、川俣紫染の経験をもつお年寄りをたずねて技法を聞き、それらの方法で染めて実験してみた結果と、自分自身の体験を考慮して改善した技法で染めているということであった。その技法を

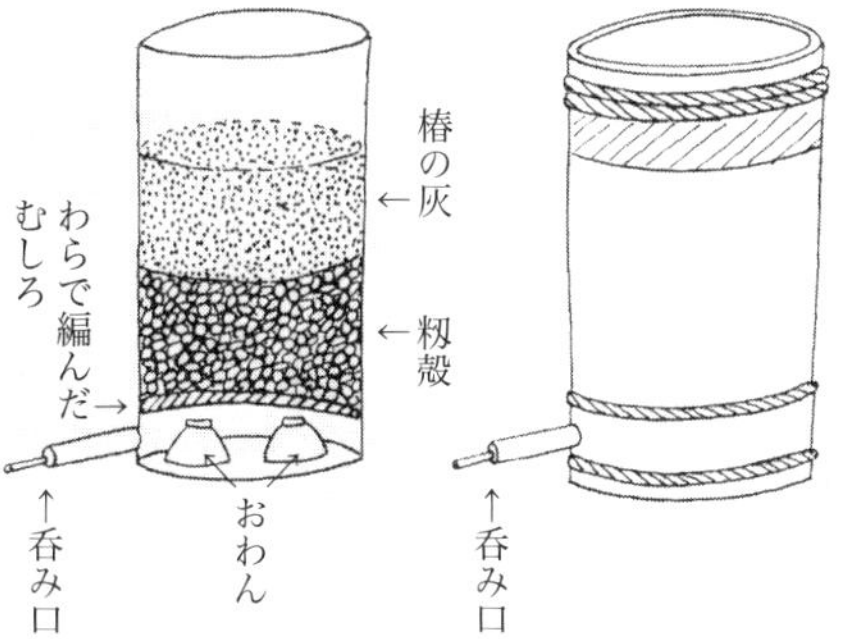

木灰桶

次に記す。

椿から白灰を取る

トラック一台分の椿を、一定の長さに切り、ブロックに積み上げて枝も葉も一緒に燃やす。一回分一時間半から二時間で燃えつきるが、白い灰になるまでには、さらに五十時間くらいかかる。この場合、一番大切なことは天候で、椿を燃やす日から先、三日間は晴れの日を選ぶ。夜はトタン板でおおって、保温して白い灰を作る。

灰汁の取り方

木桶の底にお椀（塗り椀が良いとされる）を伏せて置き、その上に薦《こも》（目の粗いむしろ）を敷く。次に籾殻を入れ、さらにその上に椿の灰を入れる。熱湯を注いで灰汁を作る。灰汁は木桶の下部に取り付けられた呑み口から容器に取る。

灰汁は色によって良し悪しを見分けるが、手で抄《すく》ってぬめりがあり、山吹色になれば良い。液が灰色なら、木桶に戻して山吹色になるまで繰り返す。
夏場は灰汁液に虫がわきやすいため、三日分くらいを目安に作って使用する。

媒染する方法

○後染の場合（布地）

後染の下地媒染は、温湯にした灰汁に一時間ほど浸し、天日で干す。灰汁に浸ける布は、まんべんなく浸すこと。灰汁からはみ出ている部分があると、染色したときにしみになりやすいので注意する。これを下染という。布地は下染後に一年半ほど寝かしてから染色する。

○先染の場合（糸）

紬糸は精練を兼ねて下地作りを行なう。方法は、一日二回の割合で、薄めた灰汁に糸を浸けて竿に干す。これを一週間繰り返すと十五回ほどになる。その後、一ヵ月ほど風にさらし、また灰汁浸けをする。これを何回も繰り返し、半年ほど寝かせてから染色にかかる。

この地方の特色として節糸がある。これは、くず繭を温湯に入れて上皮をむき、手座繰りで繰りあげた糸で、紬糸より染色むらは少ないが、灰汁練りは大事である。

○絹糸を染める

紫根の乾燥度によって多少異なるが、糸量と染料を同分量にする。ただし、染める色目の濃淡によ

石臼で搗いた紫根を麻袋に移す

麻袋に入れた紫根を手で押して液を取る

り染料の分量を加減する。まず石臼に紫根を入れて五〇℃くらいの湯を注ぎ、軽く手で揉む。これを木綿袋で絞り出すが、これは染色には使わない。

紫根を臼に戻し、新たに五〇℃の湯を入れ、杵で叩いて紫根をつぶし、袋で漉して染液を取る。これを五回ほど行なう。こうして得た染液を和紙で漉すと、きれいな染液を得ることができる。

染色の回数や色について、濃い色は何回というように、はっきり決められるものではないので、色合を見ながら、

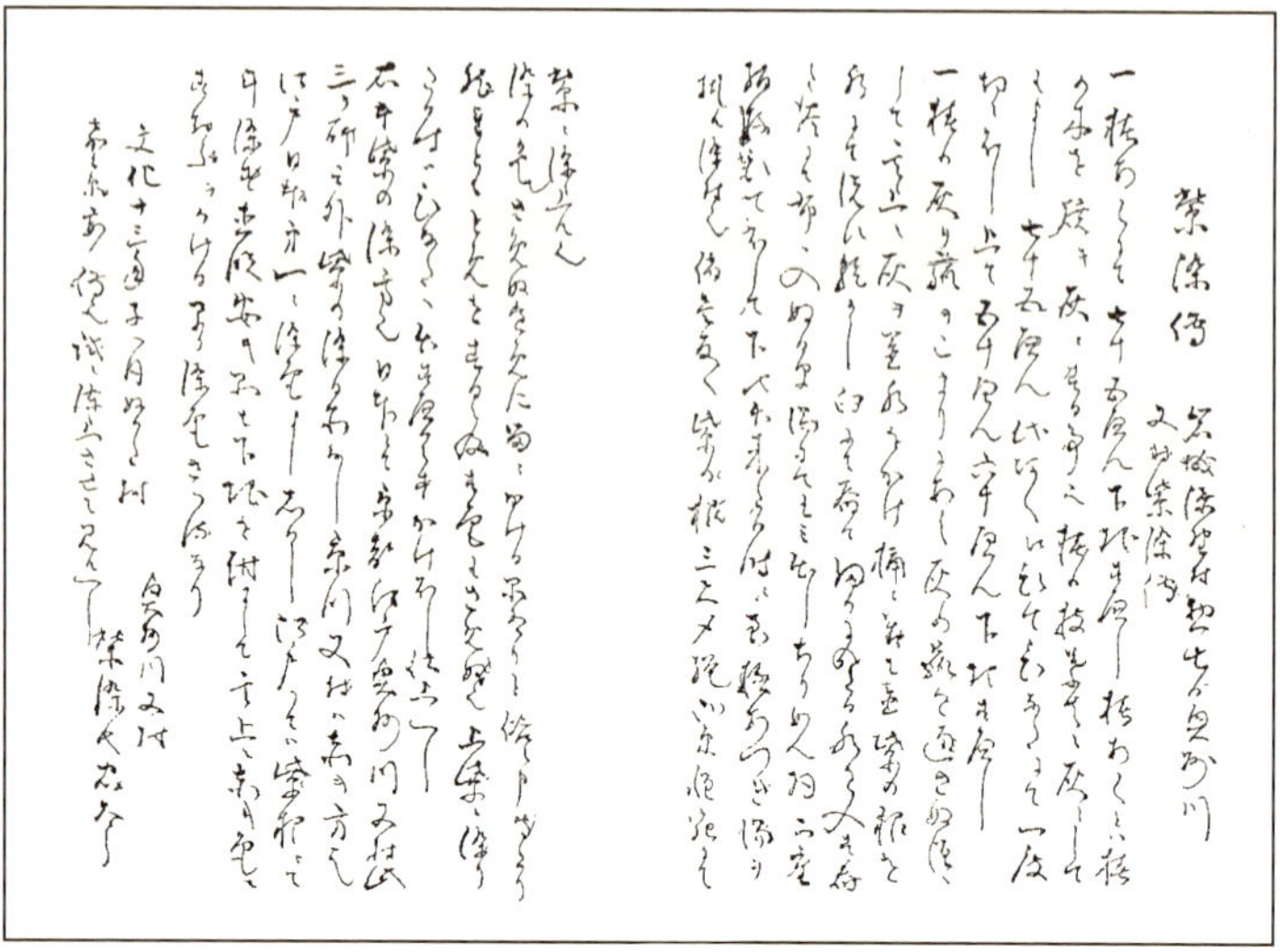

紫染傳

岩城添野村惣七より奥洲川
又村紫染傳

一　椿あくにて七十五へん下地すべし　椿あくとは椿の木を焼き　灰にする事也　椿の枝葉共に灰にしてもよし　七十五へん此あく□□□ひなたにて一度にほ(干)し上す　五十へん　六十へん下地すべし

一　椿の灰に菰をこまかにあみ　灰の菰を通さぬ程にして　其の上に灰を置《おき》　水をかけ　桶に□□を置《おき》　紫根の根を水にて洗い　乾かし　臼にて舂《つき》て　細かに成《なし》たる　水を入れ舂《つ》きたる儘《まま》にて布に入れ　ぬるま湯にてもみ出し　ちりめん羽二重絹杯《など》□　ほして下地出来たる時に　至極あつき湯を□□染付也　絹壱反へ紫の根三尺〆(締)縄弐束程宛にて紫に染上る也
染る色きめぬ色めに留にかける品ありと　俗に申傳たり　然れども　とめをする為にも色もさめぬ也　上染に染り　この時にひなたへ干すべからず　かげほし仕上べし　右本紫の染方也
日本にて京都　江戸　奥州川又村此《この》三ヵ所の外　紫の染《そめ》る所なし　京　川又村は赤き方也　江戸日本第一に染色よし　しかし江戸にては紫根にて□《ばかりそめ》染ず　値段安き品も下地を紺にして　其の上に赤き色にすおう(蘇芳)を掛けるなり　染色さめるなり

文化十三年子八月ぬかた村

奥州川又村

紫染屋　忠右ヱ門

嘉兵衛安右ヱ門傳也　誠に染上させて見るべし

そのつど染料の分量や回数を決める。

染色で注意することは、あまり日光に当てないこと。日焼けして、次の染色のときに着色が遅く、染めむらが生じやすい。

染液の温度は五〇℃～六〇℃以内で、一回の染液が冷えるまで糸や布地を浸しておき、引き上げて風を通し、半乾燥の状態で、次の染色を行なう。その間、一回の染色ごとに温湯で灰汁どりをし、また三回ごとに媒染する場合もある。酢は使用しない。


山根さんは、紫根染は「体がきつい」という。伝統工芸展に入賞して以来、多くの人が山根さんの紫根染の作品を期待しているのだが、なかなか「出品しましょう」とはいわない。体調を崩しているときはできない、という。紫根染はそれだけ厳しい仕事であるのだ。

「冬の今は、紫草は枯れてどこにあるかわからないけど、春になると芽が出ます。染めるには材料もたしかに問題ですけど、染めには二ヵ月かかるから、年に二本の反物しかできないですね。わたしは三十年以上この仕事をしているから、以前、染めた糸があって、使うことができるんです」

山根さんは紫に黄色がよく合うという。黄色の染料にはカリヤス（イネ科）、フクギ（オトギリソウ科）などを使う。沖縄県に多く見るフクギは、羽二重の検査所が川俣と沖縄にあったため、交流があったので手に入るのだそうである。

川俣羽二重

川俣町には、この地に養蚕・機織の技術を伝えたといわれる小手姫《おでひめ》の伝説がある。

仁徳天皇は、民に三年の貢を免じ、秦氏《はた》を諸郡に分置して蚕を飼わせ、絹を織って貢にするようにとのことで、勅命で大和国高市郡川俣の里より庄司《しょうじ》峯能《みねのぶ》はひとりの娘・小手姫をともなってはるばる陸奥へくだり、桑を植え、蚕を飼って女工に教えた。この小手姫は東国の人は心に合わずと終《つい》に夫を持たず、大清水に身を投じた。

これは天明八年（一七八八）の頃、町飯坂本町《まちいいざかもとまち》（現・川俣町本町）の三浦甚十郎が『小手風土記《おでふどき》』に記したものである（『川俣町絹織物史』より）。

この風土記が書かれた天明八年ごろは、川俣を中心に小手郷は平絹生産の一大発展期であった。

また、川俣町観光協会の発行した『かわまた』による小手姫伝説は、次のように記されている。

いまから一四〇〇年の昔、崇峻《すしゅん》天皇の妃・小手姫は、政争によって蘇我馬子に連れ去られたわが子を捜して川俣にたどり着きました。小手姫は養蚕に適したこの地で、養蚕と糸紡ぎ、機織の技術を人々に教えたと伝えられています。

町飯坂村業種別戸数（文政年間）

職　業	戸数	職　業	戸数	職　業	戸数	職業	戸数
百　姓	35	とうふや	7	せり商人	4	香　具	1
機　屋	95	木　引	4	仕立物師	1	牛　方	1
染　屋	7	医　師	6	左　官	1	旅籠や	1
日用雇	17	煙草や	2	かせのべ	1	絹　売	2
鍛　冶	3	菓子や	7	まんぢうや	1	かざり師	1
あらものや	8	蕎麦や	1	粉　や	2	たばこ切	2
質　や	2	酒　や	3	太物や	1	鋳物師	1
茶　売	1	穀　や	2	菜種や	2	経師や	1
小間物や	6	糀　や	1	糸　取	5	木綿や	2
青物売	4	茶　や	5	古金売	1	三味せん師	1
まゆ商人	7	車　や	5	油　や	2	塩　や	1
石　切	2	洗湯や	3	饂飩や	5	紅　や	1
大　工	13	研　師	2	練張や	1	足　袋	1
髪　結	5	桶　や	2	瀬戸物商	1		
いかけ	2	肴　や	15	形付	1		

「町飯坂村」の業種別戸数

町飯坂村の総戸数三百十七戸のうち、機屋《はたや》は九十五戸を占めている。この地の絹織物はこのように機屋で生産されたものと、近隣の農家が副業として賃織したものと多様であったことがわかり、川俣町は絹取引の町であると同時に、絹織物の生産の町でもあった。町の機屋は生糸を市で仕入れ、絹織物にして同じく市で販売していた。

その一方で、生糸や絹織物は地元の買継商によって買いまとめられ、江戸・大坂・京都の問屋、場合によっては近江の問屋に送られて販売された。京都の問屋に送られる生糸や絹織物は為登（のぼせ）とよばれた。

川俣の在地商人である買継商は、江戸問屋の「前貸し資金」を運用して生糸や絹織物を市で買い揃え、福島から江戸へ発送したのである。

福島天王祭りの市の賑わい（『蚕飼絹篩大成』より）

「福島天王祭り」の市の賑わい

川俣町の市は、はじめは大坂からの木綿と、奥州真綿の為登（のぼせ）取引で行なわれていたようだが、やがて川俣の市日は二日中町、七日横町、十二、十七日新町（荒町）、二十二日上中町、二十七日鉄砲町で開かれる月六回の六斎市であった。

成田重兵衛の『蚕飼絹篩大成』（文化十一年・一八一四）によると、

> 奥州福島にて例年初糸六月十四日大市有り。先六月十三日の夜より五、七里の百姓、糸を持寄り、夜の明くるのを待ちて、十四日明六時（午前六時）より糸市売買はじまり四時（午前十時）までには終るなり。
> 糸の売手は数千人。然るを糸の善悪を目利きて一々秤にて糸目（糸の目方）をあらため、代金何両何歩何銭何百文まで一人一人へげんぎん取遣売買すること、諸国を見尽すかのごとくの現銀大市は、外にては決して有るまじく

と記している。上の絵は「福島天王祭り」の、当時の市の賑わいの様子である。

川俣町の絹織物の歴史は古い。慶長五年（一六〇〇）に「桑有り」の記録があり、寛文四年（一六六四）に川俣に陣屋（代官所）が置かれ、絹、絓《かせ》への課税が開始される。文化年間（一八〇四—一八）になると、京都や江戸に向けた飛脚が輸送に当たった。飛脚は島屋、京屋、八幡屋の屋号を持つ三飛脚である。また文政年間（一八一八—三〇）の町飯坂村（現・本町、中丁、瓦町）の総戸数三一七戸のうち織屋は九十五戸を占めていた（表参照）。山根さんは、

「この町は、むかしから薄地の絹織物を織っていたんです。提燈《ちょうちん》に張ったんですよ。わたしの家も、わたしで四代目の機屋でした」といった。

私は川俣の絹織物が上等の盆提燈に張られていたとは知らなかった。帰京して調べてみると、何年か前に私も編集委員として加わった『日本の名産事典』（東洋経済新報社）に、「八女提燈《ちょうちん》」とあり、またの名を「福島提燈」とも呼ばれていたのである。「八女提燈」の項を抜粋すると次のようである。

文化年間（一八〇四—一八）に荒牧文右衛門により、伝えられたという。仏壇用のものが多かったため、盆提燈の産地として八女地方の名がしだいに広まった。八女提燈の特色は、火袋に絹地を使用し、絵師による手描き着色模様を配し、加輪、脚には蒔絵模様を手描きした。

川俣町の絹羽二重を張った贅沢な盆提燈は、福岡県八女市の工芸品であったのだ。

川俣の薄い、薄い絹羽二重

柳宗悦（一八八九―一九六一）は『手仕事の日本』に、

川俣は羽二重の産地として名を成しました。（略）年産額はかなりな数字に上ります。

と書いている。

羽二重は生絹織物の一種で、経糸、緯糸ともに生糸を用いて織る。目付《めつけ》の範囲は薄地から厚地まで広い。

目付というのは、織物の単位面積当りの重さを表す、わが国独特の単位で、本来は匁付《もんめづけ》といわれた。幅三・七八八センチ（鯨尺一寸）、長さ二二・七二七メートル（鯨尺六〇尺）の面積で、重さ三・七五グラム（一匁）の織物を一匁《もんめ》付けといい、同じ面積で重さが一八・七五グラム（五匁）のものを五匁付けといった。川俣羽二重は重目に対して軽目であった。とくに川俣町では絹織物の重さの単位を幅一インチ（曲尺約一寸）、長さ二五アール（曲尺約七十五尺余）のものの重さをいう。福井品（七匁付見当）や、金沢品（五匁付見当）に対して、川俣品は重くても四匁付であったことから軽目羽二重と呼ばれた。

糸は細く14中《なか》を使っていた。この中というのは、蚕の吐く天然繊維であっても長い一本の糸は、全長にわたって完全に均一な太さではないため、その太さの差をみて中という。だから生糸の太さを表す場合かならず「中」をつける。だいたい21中が普通であるから、14中はごく細いことがわかる。

生糸で織ったあと精練し、生糸の表面をおおっているセリシンを取り除いて、柔らかく、美しく仕上げる。

山根さんはその薄い羽二重を見せてくれた。薄物の表現に蟬の羽根という言葉が使われる。が、私は「天の羽衣」をおもった。艶があって、薄くて、美しい布であった。さきの提燈の火袋用だけでなく、現在は、スカーフやドレス用として染色し、輸出されている。

信夫文知摺石《しのぶもちずりいし》をたずねて

山根さんに誘われてシルクピアに行った。シルクピアは川俣町のほぼ中央部にあり、銘品館（物産紹介）、おりもの展示館（古くからの織機から、大型の力織機械、養蚕用具などを展示）、からりこ館（染と織の実習）があり、展示されているヤール幅の大型の力織機に、川俣町の絹織物の歴史と力強さを感じた。と同時に、江戸末期に唄われた、この地方の常磐津の一節が思い出された。

伊達と信夫ところの
　産物聞かしゃんせ
半田白銀　本場養種

鎌田紬に岡部なすび
梁川大奉紙小国錦
土湯ひきぢに天王絲市
福島種紙煙草入れ
川俣絹の軽目に龍紋羽二重
地むらさき染めしゃんせ

紫根染のきものも、バッグも展示されていた。ここはまさに歴史館であった。シルクピアを出て小手姫を祭る機織神社へ。小高い丘から周囲が三六〇度見渡せる。

このあと、少し遠回りして文知《もち》摺石を見に行った。『古今集』源融（志田・七二四）に、

みちのくの　しのぶもちずり　たれゆえに　みだれそめにし　われならなくに

と、ある。芭蕉は『奥の細道』の途次、二本松より右にきれて、黒塚の岩屋を見て福島に泊り、翌日、しのぶ文知摺石をたずねている。

あくればしのぶ捩摺《もぢずり》の石を尋ねて、忍ぶの里に行く。遥か山陰《やまかげ》の小里に、石なかば土に埋《うづ》もれてあ

り。里の童《わらべ》の来りて教へける、昔は此の山の上に侍りしを、往来《ゆきき》の人の麦草をあらして、此石を試み侍るをにくみて、此の谷につき落せば、石の面下《おもてした》ざまにふしたりと云ふ。さもあるべき事にや。

早苗《さなへ》とる手もとや昔しのぶ摺

（『奥の細道』より）

文知摺石は、この信夫地方で産した石で、忍草（ウラボシ科）の葉を用いて摺染したといわれるが諸説ある。忍草はたんに「しのぶ」とも呼ばれ、吊りしのぶに仕立てられて軒下にさげて涼を楽しむ夏の風物詩であった。

忍草は土がなくても生育するため、土のないのに耐え忍ぶというわけで、「しのぶ」にもじって麦の葉をこの石に擦ると、想いを掛けている人の影を見ることができるといい伝えられ、麦の葉を抜く人が多く、麦畑をもつ農夫が被害を受けたといわれる。

文知摺石のある観音堂の傍らに、芭蕉の旅姿の像があった。芭蕉はこの石を見るために足を延ばしたのだが、それは多くの歌に詠まれ、懐しい伝説が長くいい伝えられていたからで、そうした世界に心を委《ゆだ》ねようと出掛けたのであろう。大きな石は何も語らないが、それが文知摺伝説として生き、伝統が今日まで伝えられていることに、私も心が惹かれる。この巨石を目にして、懐しさと共に、昔の人の純な心に泣きたいほどの喜びを感じた。

傍らの石垣の間に、忍草が生えていた。

山根さんは、

「ここの方言に〝もちゃくる〟というのがあるんです。それが〝もじずり〟になったんでしょうね。忍草はここではどこでも見る草ですよ。記念に一葉もらったらどうですか」

と、いってくれた。

私は一本の葉を取って、本に挟んだ。大切に押し葉にするつもりである。

柿生《かきお》の里の草木染工房

祖父の代から草木染を

私は、この日の山崎和樹さんの工房訪問は初めてだったが、小田急線・柿生駅から歩いて十五分と電話で聞いていたので、駅から歩いていった。一月にしては暖い日であった。駅前にタクシーが数多く客待ちしていたが、柿生の里の周辺が知りたかったからである。

多摩川の支流の片平川に沿って歩いた。道端の住宅の傍らに野菜を売る無人スタンドがあったりして、のどかな田園風景だが、目を転ずれば立派なマンションが建っていて都会化の波が感じられる。川に添うようにしばらく歩くと、左手に小高い丘があり、丘には樹々が繁っていた。丘を左手に見ながら、川から離れて、ゆるい坂道を登る。工房は、この小高い丘のむこう側であった。素敵な所だなと、感じ入って門に立つと、ちょうど山崎さんの姿があった。

山崎和樹さんの父上は、草木染の研究者であり、染色家である山崎青樹氏である。私は高崎市（群馬県）の青樹氏のお宅に何回もお邪魔している。広い庭に、それこそ所狭しとたくさんの染料植物が植えてあった。この柿生の草木染の工房でも、藍や紫草、紅花などを栽培しているという。それにしても、親子で草木染をしているのに、高崎市と川崎市にわかれていることが不思議におもわれた。

「ここは昭和三十四年から祖父が晩年を過ごしたところなんですよ。その家がそうなんです。当時のままです」

と、和樹さんは平家建の家を指した。

こうしたことについて、私は迂闊だった。

和樹さんの祖父・山崎斌《あきら》氏について、簡単に説明すると、斌氏は明治二十五年（一八九二）に長野県麻績《おみ》村に生まれた。生家は宿場町の麻績の本陣を継《つ》いできた臼井家である。五歳のとき南條村鼠（現・坂城町南条）の父の実家の山崎家へ養子に迎えられる。山崎家もまた鼠宿の脇本陣で、臼井家と山崎家は、お互いに養子をおくったり、迎えたりしていた。当時、名家といわれる家では、このようなことがよく行なわれていたのである。

斌は若き日、作家を志したが、作家という小さな枠にくくられるような人ではなく、もっと幅広い芸術家であったのだ。斌が版画家の平塚運一と『旅行と文芸』を創刊したときに名を連ねていたのは島崎藤村、若山牧水、山本鼎、森田恒友、石井鶴三、窪田空穂、木村庄八などである。

書けば限りがないが、当時の文化人であり、芸術家であり、事業家であった斌は、衣、食、住のすべての暮らしの啓蒙に努めた。化学染料の染色と区別するために、昭和四年（一九二九）に「草木染研究

山崎さんの祖父・斌氏が晩年を過ごした家

所」を創始し、「草木染」の命名の創始者となった。昭和八年（一九三三）に『日本固有草木染譜』を上梓したとき、序文を書いたのが島崎藤村である。次の文はその抜粋である。

（略）荒蕪《こうぶ》（荒れはてた田畑）を切り開くほどの愛と忍耐とがなかったなら、君の仕事もここまでは進み得なかったであろう。今や君の『日本固有草木染譜』一巻が成る。遠く奥州の野の末まで、紫草の一《ひと》もとをさぐり求めるほどの君の熱心から、この一巻が生まれた。これは土と木と草の香で一ぱいだ。（略）わたしは山崎君の平生を知るところから、更に君の仕事の成長を希い、進んでは、かの光悦の腸《はらわた》をさぐり、古人が遺したこころざしにもかなえたまえと書いて贈る。

藤村は「平生を知るところ」と書いている。斌の草木染に対する熱情を藤村もよく知り、「古人が遺したこころざし」にもかなうと、力強く結んでいて、この文は私たちにも感動を与えてくれる。

斌の草木染に対する情熱が子息の青樹氏に受け継がれ、青樹氏の心がその子息の和樹氏に受け継がれているのであった。

「祖父は昭和三十四年（一九五九）にこの地に移り住みました。この土地は山室静さんの紹介です。ここは佐久の月明峡《げつめいきょう》に似た狭間《はざま》です。翌年の昭和三十五年に、長野県伊那地方の古寺を移築して〝草木寺〟となづけました」

斌にとってこの地は、永年求めつづけた理想を実行しようとした場所でもあった。このころ草木染事業の集大成ともいえる『草木染百色鑑』『草木染手織抄』『日本草木染譜』などを刊行する。草木寺では句会、歌会、茶会などが開かれたほか、草木染の講習会がつづけられ、窯を築いて柿紅窯と名づけて陶器を焼いた。今、祖父が晩年を過ごした地で孫の和樹さんが草木染をし、草木染の講習会を行なっているのである。

私は外から斌氏の住んだ家を見せてもらった。なつかしい感じのする家であった。南に面したガラス戸越しに太陽が降りそそいでいた。私の育った家も、このように暖みのある家であったような気がして、いっそう懐しい感じであった。

私をこんな感傷的な気持にさせたのは、二日ほど前に福島県から帰京したことが影響しているのかもしれない。私は福島で安達太良山（標高一七〇〇メートル）を見てきたのである。そのとき『智恵子抄』を思い出したのである。智恵子は療養先の九十九里の浜風と空に、ふるさとを見出してはいない。自分が育ったあの安達太良山がふるさとだったのである。だから、その空が彼女にとって代えがたい、忘れがたいふるさとだったのだ。突然、私は詩の一節を想い出した。

智恵子は遠くを見ながら言ふ
阿多多羅山の山の上に
毎日出てゐる青い空が
智恵子のほんとの空だといふ

（『智恵子抄』より）

智恵子は東京に空が無いという。自分が生まれ育ったふるさとの空が「智恵子のほんとの空」だったのだ。私は東京に生まれ、育ち、仕事をしてきたが、利便性を求めて現住所に居を定めた。しかしそれは「ふるさと」を失った漂泊の民でしかなかったことに気がついた。

目の前の和樹さんが羨やましくおもわれた。「ふるさと」は捨ててはいけない。ふるさとが、自分を育ててくれたことを忘れてはいけない、と、私は切実におもう。

紫根から色素を取り出す

「さあ、これから始めますよ」

と、声がかかって、工房に顔を出す。

大きなボールに入った
紫根が用意される

いよいよ揉む

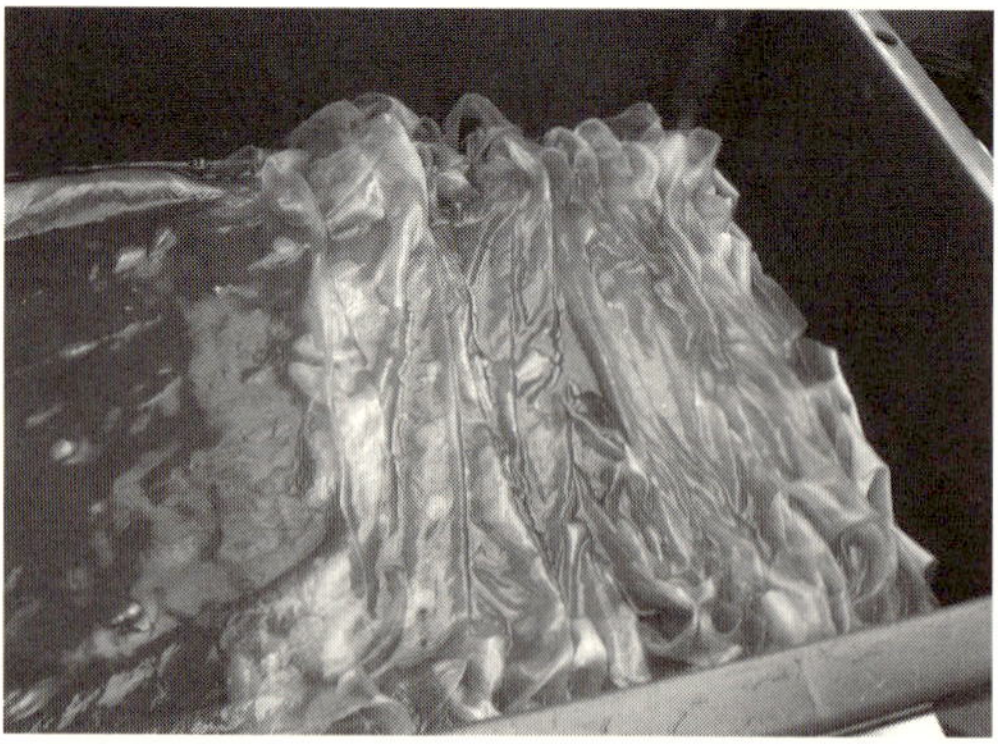

無媒染で染めた色

助手など四、五名の女性がエプロン姿でいるなかに、一人の若い男性が。

「息子なんですよ。今日の助っ人です」

と、山崎さんに紹介された。大学生の広樹さんである。

大きなボールに紫根が入っていた。

「紫根はこれで一キログラムです。昨日から水につけておいたものですよ」

傍に立って紫根を覗くと、暗紫色をした根が濡れていた。この根に湯と酢を加えて作った液を注ぐと、山崎さんは着ていたセーターと、その上に着ていた作務衣の袖を肘の上までたくし上げ、ボールの中の紫根をつかむように、しごくように揉みはじめた。揉むといっても小麦粉や蕎麦粉を揉むのとわけが違う。紫根の根は堅いのだ。それも尋常の堅さではない。私が直系二、三ミリの細根をもらって手で折ってみたらポキンと音がして折れたのだ。まさに「木」であった。細い根といっても、その根は強靱そのものである。そのため、今まで伝えられ、行なわれていたのは木臼や石臼で搗くことであった。山崎さんはボールの中の紫根から手を放し、手首をなだめるようにして、時折り手首をやわらかく動かしている。気が付くと先ほど紹介されたご子息が、私に背を向けるような位置で一生懸命に紫根を揉んでいたのである。紫根を揉みはじめて十分ほどで揉み出されたのが一番液である。この作業を繰り返し、四番液まで取って終った。

「手首が痛くなるのは、明日あたりですね」

と、つぶやくように和樹さんはいった。四番液まで、四つの容器に分けられている液は、どれも赤紫に見える。根は揉まれて、外皮が剝げ、白い木質部が見える。紫根の痛々しい姿。

「染色というのは、男の力がなければできませんよ」

と、山崎さん。

そのとき、私は忘れかけていた光景を思い出した。新潟県の山中に科布《しなふ》の材料の樹皮を採取に行ったとき、また、徳島県の山中に太布《たふ》の材料の楮《こうぞ》の木を伐採にいったとき、中心になるのはみな男性たちであった。そのときの出立の格好は、本格的な樵《きこり》の姿であった。

山中で科の樹皮を剝ぐ。樹幹を左足で踏みつけておさえ、力一杯両手で樹皮を剝ぎ取り、その樹皮を背負えるように折り畳んで、背負って山を下る。徳島県の楮も、背負って山を下るのは男性であった。私は科の樹皮の採取に山に行ったし、雪の降る季節に楮伐りにも行ったが、中心になる実行者ではない。すべて男性の仕事であったのだ。

いま、草木染を趣味として楽しんでいる人が多いと聞くが、ここまで心魂を打ち込んで「色」を得るために対峙している人がどれほどいるだろうか。

化学者の眼、染色研究者の眼

午後からいよいよ染めにはいる。

午前中、紫根を揉み出して得た染液を三等分して大型のトレーに入れる。三等分した理由は、無媒染、明礬《みょうばん》（アルミナ媒染剤の代表的なもの）、椿灰（椿の白灰の上澄液）というように、媒染を違えて色素の発色状態を見るためである。そのため、染液に浸す時間を同じにするというように、条件設定を同じにするのだ。トレーの前に立った助手の女性三人は、媒染を終わった絹布を手にして染めの姿勢である。合図と共に純絹（「ぐんま二〇〇」群馬県が開発したオリジナル繭）のオーガンジーを染液の中に入れ、手でたぐって、全体に染液がむらなく浸透するようにする。ストップのベルが鳴ると、三人一斉に染液から絹布を出し、水洗する。その間に染液の温度が下がるので五〇℃に温める。この作業を何回も繰り返す。染液は布の重さの三倍とするか、七倍にするか、十四倍にするか、それは浸染の時間と色を見て山崎さんが決める。

「染料濃度を上げる（倍率を上げる）と濃く染まりますが、濃度が高くても媒染剤とのバランスが悪いと、染料液が無駄になるので加減して染色しています」

とのことであった。

染色の工程は、

染液に浸し――媒染――水洗――染液に浸し――媒染――水洗

を何回も繰り返す。媒染、水洗の間に染液の温度が下がるので五〇℃に上げる。この作業を何回も繰り返す。

染める絹布は、あらかじめ明礬と椿の灰汁で先媒染したものと、無媒染のもの三種を用意し、紫根から揉み出した液を三個の大型トレーに分けて入れる。それぞれのトレーに絹布を入れると、絹地はそれ

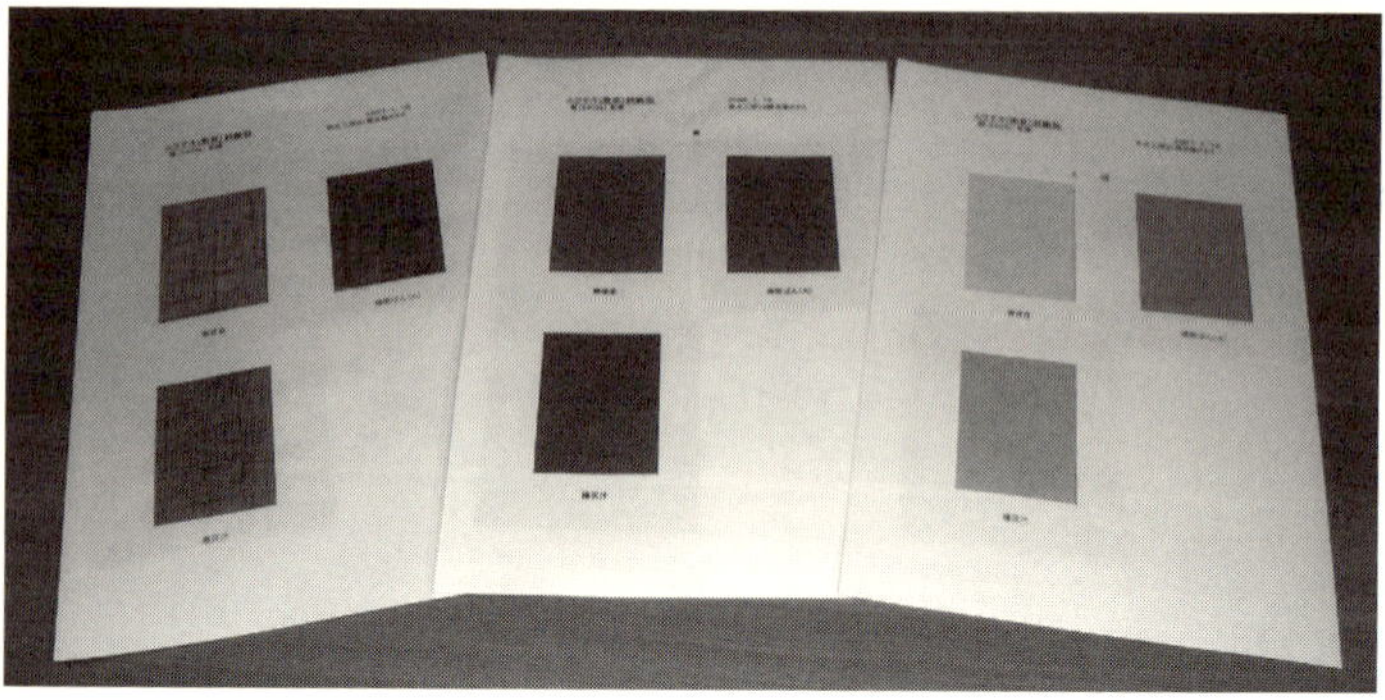

上／紫根染のファイル

草木染の教室風景（中央が山崎和樹さん）

ぞれ特有の色を見せる。無媒染はやさしい薄紅色であり、明礬は薄紫、椿の灰汁は青味を帯びた紫であった。「あの根から？」と、私は思わず口に出した。あの暗紫色の紫根から、媒染などによって、それぞれに色が生まれ出た感動。とても言葉ではいい表せない。染めの作業をしていた助手の人たちも、「ほんとうに綺麗な色で、感激してしまいます」と、いっていた。

山崎さんも、「美しい色ですよね」と感嘆しているが、すぐに化学者の目になった。

「今使っている紫根は、北海道から少し手に入れたものですが、どのように発色するか調べているんです」

「紫根染に紫根は欠かせません。染色用としては大量に生産できることが課題ですが、栽培方法が難しいのです。北海道では、染色に使えるほどの量の栽培がようやく可能になったのですが、染色したときの発色には、栽培条件（土壌）、採集条件（採集時期、乾燥、保存方法）などが影響します。中国産のものに比べて、まだ色が薄いのが現状です。紫根のためには、紫根を有効に、最大の努力をして、最大に美しい色を出すべきですからね。そうしないと、紫根がもったいないです」

と、山崎さんはいう。

山崎さんは今まで何年も、このようにして紫根だけでなく、さまざまな染料植物を実験し、そのデータをファイルして整理していた。それらは植物の戸籍ともいうべき育った土地名、媒染の種類別やその倍数などとともに、見本の布地がきちんとファイルされている。このような地道な研究から、染色の求道者となってその研究の成果を講習会を通して、後輩たちに伝えているのであった。

仕事を楽しんで

それにしても、あまりに地道な研究。私は「なぜ？」と、山崎さんに問いかけた。父上の青樹氏は染色の研究者として著名だが、父上からこうした道に進むように指導されたのではないか、と、私はおもったからだ。

「こうして仕事をしていることは楽しいんですよ。楽しくなければ仕事は続きません。紫根を手にして、色素を抽出して、絹地に染めたときの感動は深いものです。それは、おそらくわたしが育った群馬の山里が原点でしょう。山や野の草木に親しんで育ちました。ふるさとがあったのです。ですからそのような環境で育った点、親には感謝しています」

「わたしたちの色彩感覚も、自然から得たものが多いですね。色名を見ても、桃色、桜色、小豆《あずき》色、柿渋色。藍染にしても、かめのぞき、浅葱色、千草、納戸、藍鼠《あいねず》、縹《はなだ》色、空色。紫だって藤色がありますね。これを若紫といいます。藤色が濃くなって藤紫でしょう。暗い紫色は滅紫《めっし》です。濃い紫は深紫《こきむらさき》」

山崎さんにとって草木染をすることは、自然と交感することであった。

山里で育ったという山崎さんは、明治大学農学部修士課程を修了し、父上のもとで草木染を研究。一九八五年にこの地に「草木染研究所柿生工房」を設立し、講習会を開催する。その後はフランスでの国際インディゴ・ウォード会議に出席するほか、各国、各地で開催される天然染色会議に出席する。その多忙のなかで二〇〇二年に信州大学工学系研究科博士後期課程を修了して学術博士となる。また、昨年四月から東北芸術工科大学で教鞭を取っている。

草木という植物に対峙するとき、山崎さんはどのようにして工房に入るのか。

「きょうのように、厳寒の日の染色は、えいい、やっと、気合を入れないとできませんね」

と、私。

「それはそうですよ。いつでも工房に行くときは、気合を入れてます」

と、山崎さんは穏やかな笑顔を見せた。

紫根から紫の色が

工房では濃度を高くした染液で、染めを繰り返している。空は薄鼠色になって、もう夕暮れである。私は山崎さんや染めを繰り返している助手の手元を見つめていた。

「あの紫根から、こんなに美しい色が生まれるなんて感激です」

と、助手の女性はいった。私も同感であった。細くても堅い紫根を実感しているだけに、目の前で見る色に感激はひとしおだ。「美しい」という以外に言葉がないのが、逆にもどかしい。

薔薇《ばら》ノ木ニ　薔薇《ばら》ノ花サク。
ナニゴトノ不思議ナケレド。

白秋の詩の一節が浮かんできた。が、紫草の根に「ムラサキ」の色素が存在することが不思議で、紫草にとって、根の紫の色素はどのような役目を担っているのだろうか。素朴な疑問が浮かぶ。利用しているのは人間である。しかも染めに根を使う紫草の命は、ここで絶たれるのだ。それでも一粒の種子が育ち、やがて五十粒くらいの種子を付けるそうだ。

紫草の根から全力を傾注して色素を得る作業を見た私は、

「金属のブラシのようなもので、表面を削り取るようなことはできませんか」

と、いった。

「揉んで色素を絞り出すんですよ。ブラシでは駄目ですね。きつい仕事ですが、手で揉みながら、根を見て、場所を確認しながら、その場所を揉むんです。わたしは手にこだわります。正しく見た目を心で受け止めます」

山崎さんの言葉はやわらかだったが、私は軽はずみな自分の言葉に恥じ入った。紫根染には千年以上の歴史があるが、色を得るための安易な方法がないから、このように丹念な方法が伝承されていたのであった。

「手」にこだわるというより、「手」を信じて色を得ていたのである。

王朝の時代、貢納された紫根から、多くの男たちによって生み出された色だったという想いに心を走らせると、「紫の色にロマンを感じる」などと、生意気なことがいえなくなる。王朝の色は、大勢の男性の力によって支えられ、生き続けてきたことを実感した。

岩泉の南部紫根染は先染の縞織り

岩泉は遠かった

岩泉町（岩手県・下閉伊郡）は山の中だが、決して辺鄙な町ではない。かつては宿場町として栄え、牛馬の牧畜と養蚕の盛んな土地柄であった。江戸末期から明治初期の、生糸が大量に輸出された時期は、絹の仲買人が来て、八王子、町田、横浜のルートへ、大量の生糸が出荷されていった。したがって、生糸を出荷したあとの残りの屑繭や玉繭から糸をつむぎ出し、紬を織って自家用としたのである。

私が岩泉町で紬糸を染め、織っていた八重樫家をお訪ねしたのは、もう三十年も前になるだろうか。

初めて岩泉町に行ったときは現在のように新幹線がなく、盛岡まで夜行列車で行った。盛岡から山田線に乗りかえ、刈屋川に添った曲りくねった道を列車にゆられて茂市駅に着き、ここで岩泉線に乗換える。岩泉線もまた山の中の鉄道で、途中の押角峠（標高六四四メートル）のトンネルを抜けて岩泉に出る。岩泉町の街並みは静かなたたずまいだったが、私ははるばる辿り着いたという気分であった。

いま、岩泉町は日本三大鍾乳洞の一つとしてよく知られるようになった龍泉洞前まで、盛岡駅から直通のバスが出ている。

南部紫のふるさと

江戸時代、紫根染で広く知られていたのは江戸紫、京紫、南部紫であった。江戸時代にこの南部紫は南部藩内の重要な産物の一つだったので、紫根は特別な扱いを受けており、鍵屋茂兵衛などこの地の豪商たちが、おもに京都方面に売り捌いていたのである。しかし京都の需要が増すにつれて、藩内で使用する分が不足がちとなり、南部藩は正徳二年（一七一二）に、販売統制と他領への持ち出しを禁止する御触《おふ》れを出したのである。このときの持ち出し禁止の品々は紫根のほかに、武具類、蠟、漆、油、麻糸、箔椀とその木地、牛馬、皮類、香などであった。

紫根の藩外への持ち出しを禁止したあと、藩は貴重な紫根を使って藩内の染色を奨励したので、南部紫根染が盛んとなり、名産の南部紫根とともに広く知られるようになった。

明治期になると紫色の合成染料が輸入されるようになって、全国的な傾向として紫根染も衰退していくが、南部紫根染だけはしばらく命脈を保っていたのである。

八重樫家の紫根染

八重樫家はこのあたりの旧家で、倉のある大きな家構えであった。紫根染については祖母のリウさんに習ったというフキさんにお聞きした。私がおたずねしたとき、フキさんは七十歳ぐらいであったろうか。フキさんは「この町では、糸を手染にし、手織で織ることはどこでも行なわれていましたよ」といっていた。

フキさんは、このとき実際に染めて見せてくれることはなかったが、庭の一角に置かれていた、紫根を搗く石臼を見せてもらった。臼は御影石《みかげいし》（花崗岩）で、二五センチくらいの深さに刳り抜いてある。臼の高さは約九〇センチであった。ここに紫根を入れて木杵で搗く。臼を見つめる私に、フキさんはつぶやくように、だがしっかりといった。

「むらさきは、一、二回染めただけでは、ねずみ色になっても、紫色にはまだまだね」と。きれいな標準語だったのが、今でも印象に残っている。

南部紫根染の工程

木灰は「にしごり」（ハイノキ科）の木灰を使う。にしごりについて『牧野植物圖鑑』によると、「さわふたぎ」とある。北海道、本州、四国、九州の山地にはえる落葉低木で、「さわふたぎ」というのは、沢の上においしげって、沢をおおいかくすことから出たとおもわれる、とあり、灰汁を紫根染に用いるとあった。

にしごりは、芽の出る前の早春か、落葉した秋に、山にいって木を伐る。山から束にして持ち帰るので、長さ一尺二寸（約三五センチ）ほどに切り、さらに家で小さく鉈で切る、山から伐ってきたにしごりは、家であまり長く置くと乾燥するので、なるべく伐ってすぐ、木灰焚き用の大竈《かまど》に入れて焼く。この灰も長く保存するより、焼いてすぐのものが良いそうだ。

鍋に灰と湯を入れ、冷まして、上水を媒染剤として使う。絹糸二百匁（約七五〇グラム）を灰汁浸けするには灰五升が必要である。

豆汁《ごじる》は大豆から抽出した蛋白液《たんぱく》。豆汁をつくるには、大豆を一晩水に浸けてやわらかくし、平らな石の上にのせて木槌で打ってつぶし、袋に入れて水を加えて汁を得る。このとき、大豆が多すぎると糸がこわばり、紫の色もくすむ。これが大事なポイントらしい。

下染めは、灰汁に絹糸を浸け、手で押してよく浸し、絞って竿にかけて乾かす。これを三回繰り返す。次に豆汁に浸けて乾かしたら、また灰汁に浸けて乾かすのを三回繰り返したあと豆汁に浸けて乾かし、さらに灰汁に浸けて乾かすのを三回繰り返したら、また豆汁に浸けて乾かす。これに三日間を要する。

以上のようにして下染を終るが、この糸を一年寝かす。

本染め

寝かせておいた糸を、紫根で染める。

紫根の染液を作るには、掘り出した紫草の根を、四、五十分かけて石臼で搗く。それを麻袋に入れ、その上から約60℃に熱した湯をかけ、紫色の液を容器に受ける。この根を石臼に戻して搗き、また湯をかけて染液を取る。この作業を三回ほど繰り返す。

「根に土が付いているからと、水であまり強く洗わないこと。洗いすぎると紫の液が弱くなる。染める糸が少ないときは、洗濯をするときのように洗濯板の上に紫根を置いて、手に草鞋《わらじ》を履かせて、こするようにしながら湯をかけても紫の液は取れますよ」

フキさんは、そんなことも話してくれた。また、紫根の細根にも色素があるから、それを捨てないようにともいっていた。

「むかしは、根を搗くのに水車を使ったというけど、小さく砕きすぎては駄目で、やっぱり目で見ながらね。紫根はおもっている以上に堅いので、杵で搗いても砕けることはなかったね」

根から得た、充分に紫色をした液に、寝かせておいた糸を浸す。液の温度は六〇℃ぐらい。この液がぬるま湯くらいになったところで取り出し、染液が自然に滴り落ちるようにして水を切る。この作業を何回もくり返して紫の色を濃くしていく。

紫根染に費す手間と時間が、フキさんの言葉から、ずっしりと伝わってくる。

「そうですよ、紫根染は染めの段階で枯らせば枯らすほど風合いが良くなるので、年月を惜しみなく使うこと」

染める手間と、寝かす年月を要して生まれる紫の色は庶民のものではなく、やはり紫根染の紫は、まぎれもなく帝王の色、貴人のみが身につけることができた色であったのだ。

消えてしまった鹿角花輪《かづのはなわ》の紫根染

自生の紫草を探して

この地の紫根染を鹿角花輪の紫根染と呼ぶのは、南部藩のころから鹿角の山地に紫草が自生していたことと、その染めが花輪を中心に発達したことによる。明治時代の前期まで、花輪には数軒の紫屋があった。紫屋は紫根染だけでなく、同じように山に自生している茜も採取して染めていた。

南部藩領は広く、「三日月の丸くなるまで南部藩」といわれ、かつては北は下北半島から、南は北上市まで、広大な面積をもっていたのである。山地には紫草が自生していた。寛政六年（一七九四）から毎年南部藩から幕府に紫根が上納されるようになった。

その花輪へ紫根染をしている栗山さんを訪ねたのは、三十年ほど前だった。花輪の地名は正しくは秋田県鹿角市花輪である。秋田県といっても岩手県との県境に近く、奥羽山脈の山の中である。交通はJR盛岡駅から花輪線に乗り換えて約二時間、鹿角花輪駅で下車すると栗山文一郎さんの家があった。そ

のとき栗山さんは、

「紫根は、いまでもこの山の近くで採れる自生のものを使っています。夏のころに咲いていた花の場所を覚えておいて、茎や葉が枯れた初秋に根を掘る。紫根掘りは容易なことじゃない。わたしの子どもの頃は、学校から帰ると山に紫根掘りに行った。子どもの小遣いかせぎだったわけ」

「ところが、このあたりの開発が進んで道路ができ、八幡平として観光化して人が大勢くるようになったり、賑やかになりました。また、紫草が自生する山地に別荘が建ち、紫草は追われるばかりになりましたよ」

と語っていた。それでも、その当時、栗山さんは自分で山に行って紫根を採取していたのである。

「なんとしても染めの原料が問題で、これがなくなったら続けられません」

穏やかな栗山さんの表情が、ちょっと険しくなった。それは、山中の紫草の実情を知る人の、悲しみを湛えた表情であった。

私がお訪ねした頃、栗山さんは若々しくて五十代後半のように見受けられたが、六十歳になっていた。広い庭で木灰で下染した羽二重の布を干しているところであった。

消えていった紫根とともに

南部の紫根はどうなったのか、今回、再訪の予定で栗山さん宅に連絡をしたのである。すると意外な言葉が返ってきた。

「そうです。紫根染をした家です。主人は平成三年に七十一歳で亡くなって、平成十九年に十七回忌をしたんです。普段は元気な人でしたから、病気になるとは思っていませんでね。体調を崩して入院して、脳梗塞で亡くなりました。亡くなる十年前ぐらいから紫根が手に入りにくくなって、茜を染めるようになりました。紫根が少しだけ手に入ると、原料が少なければ少ないほど、贅沢に使って、良いものを作らなければならない――という人でしたから、生産反数は少なかったですね」

「晩年は紫根が手に入りにくくなって、染めに苦労していたと思います。今では主人が亡くなったのも、紫根が手にできなくなったので仕方がなかったと考えるようにしています。紫根がなければ染めることができませんから、生きていたとしても気持が重かったことでしょう」

「それに、体に無理がかかったかも知れません。主人は獣医でしたから、生活は獣医の収入でした。染めでは生活は立ちません。戦争でソ連に抑留されていたことも、誰にも話しませんでした。亡くなってから〝あれ、栗山さん抑留されてたの？〟という人がいましたから」

栗山さんは大正九年（一九二〇）生まれであった。私が栗山さんの工房をお訪ねしたときも、獣医をしている話は聞いたことがなかった。黙々と染めの仕事に打ち込んでいる姿しか、私の脳裏に浮かんでこない。私がお訪ねしたときも、下染の羽二重を広い庭に干していたのである。その庭一面にクローバーが植えてあって、緑の絨毯を敷いたようであった。そのとき栗山さんは、

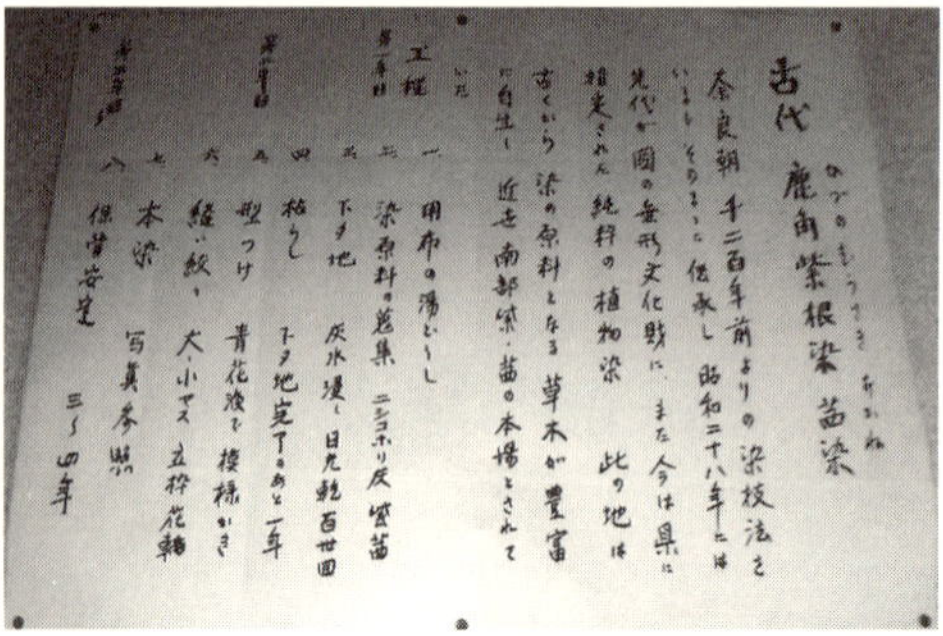

壁に貼られていた染色の工程表

灰水樽と石臼・杵

染液に浸けた布が浮かばぬように重しを載せる

「干している布が、地面に直接触れると汚れて駄目になるんです」

と、そういっていた。その話を思い出して奥さんに話すと、

「あら、そういうことまで覚えていたんですか。そうなんです。クローバーは今は大した草じゃないんですけど、ああして一面に植えてねえ」

と。奥さんはそういうと、一瞬、感慨にふけっているような口調になった。

「もし、こちらに来ることがあったら寄ってください。工場の建物は昭和四年に建てたものですが、その中に昔使った道具がそのまま置いてあります。県の文化財に指定されたので、わたしが守ってます。でも建物の樋《とい》が壊れたり、桶《おけ》の箍《たが》がはずれたりと修理しなければならないし、これから先、どうしようかと思っているんです」

奥さんの名前はケフさんという。昭和五年生まれとのことで、ケフと書いて「きょう」という。戦前は文字遣いがこのように古く、よく例に出るように「テフテフ」と書いて、「ちょうちょう＝蝶」であった。

ケフさんはもう一度いった。

「こちらに来ることがあったら寄ってください。一人暮らしですから電話をしてからね。盛岡駅から高速バスで一時間ですよ。みんなバスで来るようになりました」

文一郎さんの紫根にかける想いを、妻として支え続けてきたケフさんと、ささやかだが紫草を愛し、紫根に想いを託す私と、紫草で一致して胸が熱くなった。

南部藩の紫根の重用

栗山文次郎さんは文一郎さんの父上である。文次郎さんが残した江戸時代の記録をここに紹介したい。当時の南部藩にとって紫根がいかに特産であったかがわかる。

一　延享元年（一七四四）に、南部藩の領内物産を書き上げた記録（一部）
　紫草　根は所々に産するも、紫染は鹿角郡を上品とす

一　安政六年（一八五九）御国細見なる産物調査（一部）
　紫根が所々より出る通（ママ）として野田、沼宮内、福岡、三戸、五戸、七戸、野辺地、田名部、花輪、
　毛馬内の十ヵ通。

その中で紫木綿、茜木綿は鹿角花輪、毛馬内。

物産としてではなく、南部家御用書留帳に次のような一項がある。

覚

一、三貫九百文　紫　無地二反
一、四貫百文　同　大絞一反

同　らせん一反
一、二貫四百五十文　同　立絞一反
〆《しめ》て五反　右は久慈千治殿え《(ママ)》御謝礼に及び、遣わされ候

江戸時代の紀行記録家であった菅江真澄（一七五四―一八二九）は、天明五年（一七八五）八月二六日に南部領鹿角郡を通過し、盛岡から花輪に九月十日に行っている。『けふのせはのゝ』に次のように記している。

花輪の里に出たり。「わがことひとりありとやはきく」とありけるはこと処にて、おなじ名のここにもあるにこそあらめ。此里をはじめ、此あたりのわざとて紫染るいとなびあり。これを染るに、かならずにしこほりてふ木の灰をさすといふ。なにくれと子の字のみ付て物いふを聞て、おなじう。

野に出て　ひがしこ　にしこ　ほりためて　染るとぞきく　かづのむらさき

かち染る餝摩《しかま》の里にひとしく、筑鞲《(ママ)》（つくし）、むらさい《(ママ)》の野の外に、かく名の世に聞えたり。

「ひがしこ、にしこ　ほりためて」とは、東へ西へと行って紫根を探し、掘り貯めて、ということで、紫草が山野に自生していたことを知ることができる。かち染は、藍で濃く染めた布を搗いて光沢を出した播磨（兵庫県）の飾磨《しかま》から産出した特産品のこと。

また柳宗悦（一八八九―一九六一年）は『手仕事の日本』で、次のように南部紫根染と岩泉の紫根染について書いている。

紫とは紫根染のことで、この紫で今も絞《しぼり》を染めているのは、わずか盛岡と花輪だけのようでありま す。（略）どんな紫もこの紫根の色より気高くはあり得ないでしょう。禁裡《きんり》の色となっているのは自然なことのように感じます。（略）技が難しいために、技は古来秘伝となって残されています。しかしこういう風習を破って、染方《そめかた》を広く世に知らせる方が正しい道ではないでしょうか。紫根染は絞染《しぼりぞめ》に限られる傾きがありますが、糸染をして見事な織物を今も作るのは独り下閉伊《しもへい》の岩泉でありります。何してもこんな気品のある紫色は少ないのでありますから、もっと世に流布したいものであります。

鹿角花輪の紫根染工程

木灰の用意

山林に自生するニシゴリ（さわふたぎ＝ハイノキ科）の木を伐って、灰を作る。灰は湿気を多く含むと品質が悪くなって使えなくなる。そのため良く注意して保存の場所を選ぶ。灰汁は、染料を完全に布に染め付けるための、媒染料の役割をもっている。

下染の野外乾燥
(昭和 41 年 5 月)

型付け

縫い絞り

灰汁を作るには、灰に温湯を注ぎ、その後三十分ほど煮沸する。冷めたところで樽に移し、灰が沈澱したら上水液を灰汁として使う。灰二合に対して、温湯一升である。

下染

布を灰汁に浸ける工程を下染という。紫根染はこの下染に多くの日数と手間を要し、しかも重要な工程である。その方法は布を灰汁の中に充分に浸し、乾燥するのだが、布の種類によって、浸しと乾燥を繰り返す回数が異なる。下染した布は絞って液を切る。

羽二重の紫根染　　百二十回（約四ヵ月）

木綿の紫根染　　三十回（約一ヵ月）

枯らし法

下染を施した布を、一年間、天井から吊るす。これが枯らし。枯らしを行なわないと、染めあがったとき紫根のもつ本来の味わいが出ない。

染色用の液つくり

紫根の根を石臼に入れて、二、三十分間搗く。これに熱湯を注いで攪拌し、麻袋に入れて液を絞り出

搗いた根に湯を注ぐ

紫根染用の根搗き

染液から布を出して風を入れる

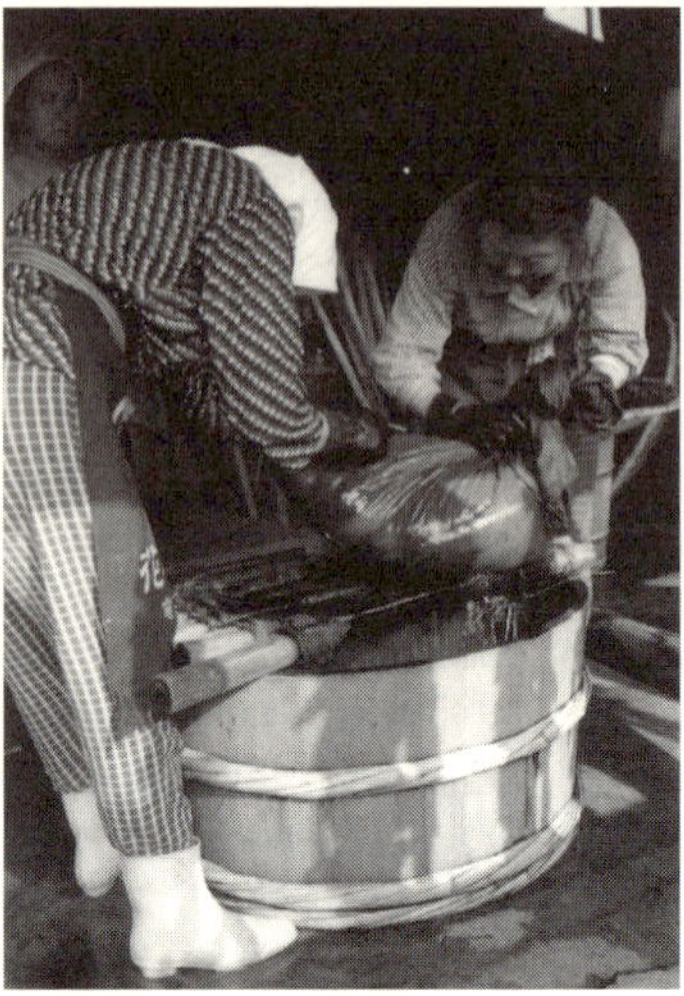

麻袋に入れた根を絞る

搗いた根を麻袋に入れる

染液に布をひたす栗山文一郎さん

麻袋に入れた根を絞り、はぎりに受ける

染色の回数と温度

回数	1	2	3	4	5	6	7	8	9	10
温度（℃）	40	45	50	55	60	70	80	90	95	100

す。搗いた根は捨てずに、染めるたびに搗いて液を作り、本染に加える。

本染

染色は十回行なうが、一回目の染液の温度は四〇℃で、一工程ごとに温度を上げ、最終工程の染液の温度は一〇〇℃にする。

仕上げ

染色した布は水洗いし、陰干しにして乾燥する。昔は染色した色を落着かせるため、三年間箪笥などに蔵《しま》っておいたといわれている。

なお、絞り加工するときは、下染したあと、枯らしの前に絞りを行なう。

栗山さんの仕事場は、工房というにはあまりにも大きな道具があり、工場と呼ぶのにふさわしかった。大きなはぎり（半切＝はんぎり桶のこと）に板を乗せ、その上に紫根の入った麻袋を乗せ、麻袋の中の液を二人がかりで押すようにして絞り出す姿は、工事現場のようで驚ろかされたが、もうあれほどの盛況は見られないであろう。鹿角花輪の紫根染が消えてしまったことを、奥さんが送ってきてくれた写真の数々で実感し、悲しみが深かった。

鹿角花輪の紫根染と茜染

栗山文一郎さんが染めていたのは紫根染だけではなく茜染もあった。その技法は先代である父の文次郎さんから受け継いだもので、どちらも「古代紫根染・古代茜染」と称し、古法を守ったものである。

紫草も茜も十和田湖畔や八幡平を中心に、付近の山野に自生しており、それを採取して染める。鹿角花輪という美しい響きをもつ地名とともに、紫色や茜色を恋うる心を妖しくゆさぶる。

鹿角花輪の紫根染と茜染は千年の昔から伝えられていたという。その技法もそのままに——。

江戸後期は花輪と毛馬内《けまない》（以上・鹿角市）に十数軒の染物屋があった。明治になっても、昔の染物の美しさが忘れられない人からの注文があって、二、三軒は盛業であったらしいが、明治末期になると、合成染料に押されて衰退していく。が、不思議なことに、紫根染が見直されたのは戦時中であった。その話をしてくれたのは文一郎さんである。

「紫根で染めた布を身につけていると、腹が冷えない、といって、千人針を包み、腹に巻いて使ったんですね。長さ四〜五尺（約一メートル五〇センチ）くらいを求めに来る人が多かったですよ」

文一郎さんも召集されて戦地に行き、シベリアに抑留されたというが、そのとき、私には語らなかった。先に述べたように、ごく最近、奥さんから聞いた話である。紫にまつわる悲しい話でもある。

紫根染も茜染も完成まで八年

染に入る前は下準備である。

ニシゴリの木を集めて焼き、灰を取り、灰汁を作る。この灰汁に布を浸け、天日で乾かす。春から秋にかけての作業で、約百二十回繰り返し、これを下染という。染めの下地である。

下地の完了した布は、一年以上、室内で吊るして枯らす。

二年目から、青花液を使って絞りのもとになる型付けをし、そのあと縫い絞り。絞り模様は花輪の伝統的な柄の「大桝絞」「小桝絞」「立枠絞」「花輪絞」である。

模様絞りが終わったら、ようやく本染にはいる。紫根は、臼に入れて湯を注ぎ、杵で搗きながら染液を取るが、染める前に濾す作業がある。

濾した染液に布を浸け、吊るして、風を入れる。この作業は十数回、美しい色に染めあがっても、これで終わりではない。絞りを解き、丁寧に水洗いして、あくまでも陰干しをして仕上げ、長持《ながもち》などに入れて密閉し、三、四年おいて、色を安定させるのである。

「根気、根気の合計八年」

文一郎さんはそういっていた。

文一郎さんは昭和五十三年に秋田県無形文化財に指定され、父上の文次郎さんは昭和二十八年に文部省撰定の無形文化財に認定されている。が、これほど手間をかけても、材料の紫根や茜の根も入手困難

小桝絞

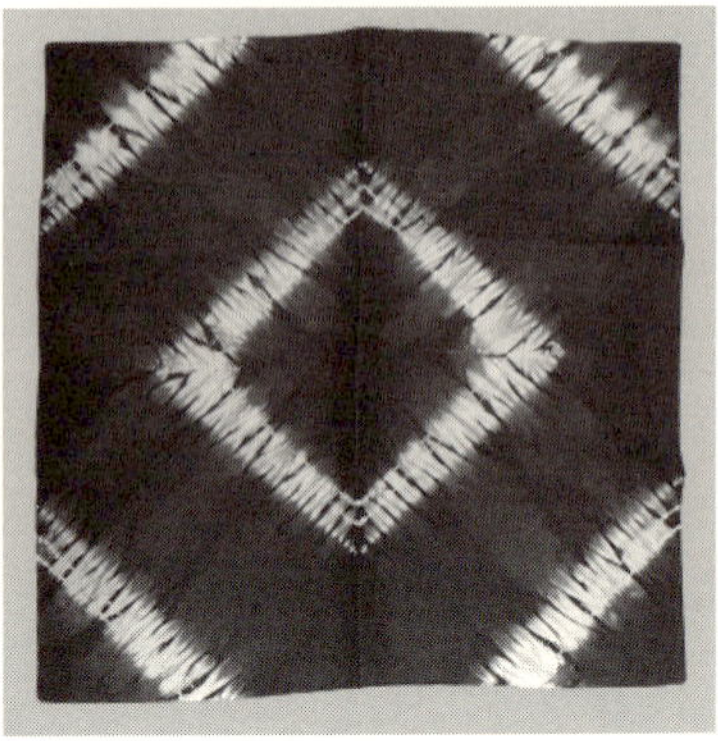

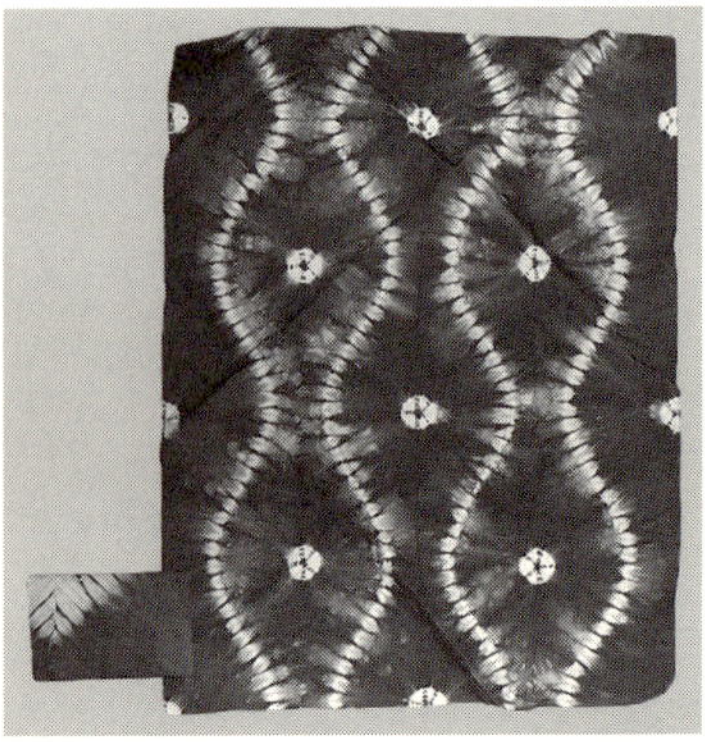

立枠絞

花輪絞

になって消えていくのであった。

奥さんからの手紙

私は栗山文一郎さんの奥さんのケフさんに電話をして、「染色工程などの写真があれば、この本のためにお貸しください」と、お願いしたところ、

「探して送ります」

という返事だった。

しばらくして、写真に手紙を添えて送られてきた。写真は工程順に番号が付けてあり、簡単に説明がついていて、几帳面な奥さんの暮しぶりが伝わってくるようであった。手紙は次のように記されていた。

前略　ご免ください

お申越しの写真の件ですが、ようやく整いましたのでお送りします。

古い写真なので改めて焼付けてもらいました。これでよろしいでしょうか。

仕事場の写真は、本染の際は人様の立入りを禁じて、集中して染めていたので、あまり写真はございません。

染場の道具類の写真は、幸い昨年知人が生涯学習のレポートとして納めたものがありましたので、

栗山ケフさん（ご主人が染めた作品の前で）

カラー写真を同封しました。

主人が亡くなりましてからも、時々、見学者がお訪ねくださいます。そのときのスナップがありましたので、念のため同封いたしました。

平成六年四月一日付で染場の道具類や、主人の作品など数十点が鹿角市の有形文化財の指定を受け、わが家で保存しております。私が元気なうちは、せめてお訪ねくださる愛好家の方達のお役に立てばと、主人が染めた作品を当時のままの形で保存し、ご案内することが私の喜びとなっております。

どうぞ折りを見て、みちのくの旅へお出掛け下さいませ。


丁寧な手紙に、ご主人を想う心が静かに深く伝わってくる。私が栗山家のその後を書き加えるよりも、わかりやすいと思って奥さんの承諾を得て掲載した。

また、栗山文一郎さんは秋田県の無形文化財保持者であったので、多くの作品は秋田県立博物館の収蔵庫に納められているという。

南部紫根染について、口伝によれば、この地方には紫草が多く自生しており、紫根染は遠い昔から染められていたという。

藩政時代には、広大な南部藩領内の山地に自生していた紫草の根を採取して幕府に上納するとともに、藩の特産品として紫根染を奨励した。やがて明治期になると合成染料に押されて、手間と年月のかかる紫根染は衰退していく。さらには紫草の自生地も土地開発が進み、紫草そのものも失われていった。

江戸紫、京紫、南部紫と日本の三大紫根染産地は、南部紫根染を最後に消えてしまったのである。

武蔵野に幻の紫草《むらさき》をたずねて（I）

武蔵野の紫草

紫草《むらさき》（ムラサキ科）は、日本国内の各地のほか、中国や中央アジアの高原地に広く分布している。草丈五〇―九〇センチの多年草で、根は濃紅紫色で茎に比べて太く、地中に深く伸びていく。染色用にするのも、また薬用にするのもこの根を使う。そのため「紫染め」を紫根染《しこんぞめ》という。花は六月から八月ごろに咲くが、白い小さな花なので人目につきにくい。ヨーロッパ原産で「忘れな草」の名をもつ植物も、ムラサキ科の地味な花だが、「私を忘れないで」という名を与えられて、観賞植物として多くの人に愛されているのに。

いま、紫草を知っている人は、ほとんどいないのではないだろうか。名前も、その植物の姿さえも……。私は、山野に自生していた紫草を見ることがなくなったのは、染料用や薬用として根を使っていたため、文字通り根絶してしまったのだとおもっていた。

ほんとうにそれだけの理由なのだろうか。

武蔵野の紫草について、『延喜式』によると、「内蔵寮」に納められたもののなかに紫草三千二百斤とあり、また「民部省」に紫草三千三百斤とみえる。このほか「主計寮」に納められた品々のなかに紅花、茜などがあった。しかし、武蔵国のどこからどのようにして紫草や茜を上進したかわかっていない。

『万葉集』に、

紫草を草と別《わ》く別く伏す鹿の
野は異にして心は同じ
（巻十二・三〇九九）

とある。紫草を一般の雑草とはせず、鹿でさえも区別しているというのである。当時から高貴な色を染めだす特別な植物であったことがわかる。

平安時代中期の菅原孝標《たかすえ》の娘は、十三歳のとき父の任地の上総《かずさ》から京に帰るのだが、その道中記を『更科日記』に、

今は武蔵の国になりぬ。ことにおかしきところも見えず。浜も砂子《すなご》白くなどもなく、こひぢ（小泥）のようにて、むらさきの生ふときく野も、蘆《あし》、荻《おぎ》のみ高く生い茂りて中を分け行くに、

と、書いている。

それは『古今集』に

紫草のひともとゆへにむさし野の
草はみながらあはれとぞみる
（巻第十七・八六七）

と、あって、武蔵野の紫草が貴人の間に広く知られるようになり、道中で見ることができればと期待したのであろう。

武蔵野は水辺に近い低地から高地にかけてひらけ、低地には真菰《まこも》、蘆《あし》（よし）、荻《おぎ》（以上、イネ科）などが生い茂る。菅原孝標たち一行の通った道すじは低地だったのだろうか。武蔵野とはいっても、低地では紫草は見られない。孝標の娘は、名高い武蔵野の紫草を見たいものだと思ったようだ。

紫草はやや山地の、薄《すすき》（かや＝イネ科）の生い繁る群落に多い。これは紫草の特性として、生育すると梢には日光を求め、反対に根元は直射日光を嫌うため、このように他の植物との混成群落によってうまく生育する。武蔵野の山野に多い薄は、紫草にとって好都合であったのだ。しかも火山灰に覆われている武蔵野台地は排水性が高いので、薄にも紫草にも好都合で、とりわけ紫草にとっては、この排水性の良い土地はありがたく、地下に主茎の太い宿根を伸ばし、その主茎に細い根（ヒゲ根）を生じて、水分を効率よく吸い上げている。染色に使うには、主茎だけでなく、この細根の根皮にも色素を有するので、少しでも多くの色素を得るためには大切であったのだ。

「武蔵野図屛風」（部分）

「武蔵野図屛風」

武蔵野といえば雑木林の風景を思い描く人が多いと思うが、それはここを開拓した人たちが、防風林として、または薪や炭の利用のために植え、育てたものである。

武蔵野の開拓は、八代将軍徳川吉宗が享保の改革の一つとして行なった新田開発であった。それまで武蔵野は薄の生える原野だった。上の「武蔵野図屛風」は、そうした武蔵野の原風景で、『続古今和歌集』に編まれている歌を表現したもの。

武蔵野は月の入るべき嶺もなし
　尾花が末にかかる白雲

右手に筑波山（上の図ではカットされている）、左手に富士山を描いているが、原野はただ渺々とした薄の原で、開発以前の江戸時代の武蔵野である。

朱に似て非なる色・紫

紫根で染めた色が際立って美しく、優雅であったので、多くの人に好まれたのは古今東西を問わない。中国では春秋戦国の末期（紀元前五世紀）に、紫根染がおおいに流行し、そのために庶民経済が圧迫される。

斉恒公好服紫　一国尽服紫　当是時也　五素之得一紫

――斉の恒公は紫衣を好んだ。一国の人びとは、みな紫衣を着た。この紫衣一枚を得るのに五枚の白い素地を要した。

このような風潮を憂えた孔子《こうし》（春秋、魯の人。儒家の祖）は、

悪紫之奪朱也　（論語　陽貨）

――紫は朱に似ているが、朱とは非なる色である。紫色が朱色にとって代るように、似て非なるものが世に出るのは困る。

といって、孔子は漢族の正色とされてきた朱の地位を奪って紫が流行することを嫌ったが、世の移り変

わりの勢のなかではどうすることもできず、隋の世となると深紫は一品の朝服の色となり、朱は一階を降されて紫の次の色と定められた。唐代になると紫の纈《ゆはた》（絞り）染は朝廷の秘法にさえなったのである。

むかし、中国では五色（青・赤・黄・白・黒）が正色とされ、間色《かんしょく》（原色をまぜあわせてできる色）は不正な色とされた。紫の色は赤と青を混ぜて作ることができるので不正な色とされた。このことから、不正な者が正しい者に勝ち、悪人が善人をしのぐことを憎むとの意にたとえられている。中国の五色の色調は、天地の運行を律する哲理の一つの五行説で、木・火・土・金・水の五元に対し、青・赤・黄・白・黒の五色を配し、これが正色となった。

青——東——平和および繁栄。青の濃色は褐色《かちいろ》と呼ばれ「勝」と同音から、勝利の象徴とされた。

赤——南——幸福および富。生命の源泉としての血液と熱をもたらす火の色。

黄——中央——皇帝の威力。大地の色。中国では黄は禁色とされた。

白——西——平和と悲哀。不純を排した無垢の色。

黒——北——黒はなにものにも染まらない不動の色。

わが国で紫色が帝王の権威と尊厳を象徴するようになったのは、聖徳太子が定めた位階制度による。これが冠位十二階で、制定されたのは、十七条憲法の施行された前年の六〇三年である。冠がそのまま位を表すので冠位制度といったもので、その冠を位冠という。徳・仁・礼・信・義・智の六つを儒教の徳目の冠名とし、それぞれを大小に分けて十二階とした。この冠位十二階の色彩は紫・青・赤・黄・白・黒であった。この最上位の紫を何によって染めたかわからなかったが、昭和五十一年（一九七六）に行なわれた調査によって、「紫色」は紫根染であることがわかったのである。

また、大化三年（六四七）に、七色十三階の制度ができた。

山紫根と里紫根と紫根染

『万葉集』に、紫草を詠んだ歌は多い。

あかねさす紫野ゆき標野ゆき
野守は見ずや君が袖振る　（巻一・二〇）

これに対して、大海人皇子（後の天武天皇）の返歌は、

紫のにほへる妹を憎くあらば
人妻ゆえにわれ戀ひめやも　（巻一・二一）

がよく知られる。この歌に詠まれている紫野は、紫草の自生地を指す。また、標野とは皇室・貴人などの所有する原野で、猟場にも使用された。みだりに他の者がはいることを禁じたので番人（野守）がいたのである。この歌から紫草の自生地に、縄などを張りめぐらして紫根を採取していたとも考えられている。このように原野に群がって自生している紫草を「山紫根」と呼び、栽培した紫草を「里紫根」という。中国では山紫根を薬用に、里紫根を染色用にと用途を区別していたが、このことが日本の紫根染にもみられ、里紫根は紫染屋によろこばれた。『和漢三才図会』（正徳五年刊）に、紫草について次のように記されている。

但家種者不入薬用　染絹帛　用紫根煎汁染之　浸柃木灰

——栽培した紫草は薬用に用いない。絹布を染めるには柃木灰《ひさかき》に浸し、紫根の煎汁を用いる。

紫根の染色について、『万葉集』に、

紫は灰さすものぞ海柘榴市《つばいち》の
八十《やそ》の衢《ちまた》に逢ひし児や誰
（巻一二・三一〇一）

と歌われていて、紫根染には木灰を使うことがすでに知られていた。紫根染には、椿や柃などアルミナ

御軾紫地鳳凰形錦（正倉院蔵）

「御軾《おんしょく》紫地鳳凰《ほうおう》形錦」

国家珍宝帳に「御軾二枚、一枚紫地鳳凰形錦、一枚長斑錦」と記されてあるうちのひとつ。聖武天皇が用いたもので、緯錦《よこにしき》とよばれ、緯糸で文様をあらわしている。文様にはぶどう唐草をめぐらせた円形の中に、大きく翼をひらき、足を張った一羽の鳳凰がおいてある。文様は紫・黄・青・白・赤の色糸を組み合わせて織ってある。

を含んだ樹木の灰を用いるのが最上である。さきの歌は、この椿と海拓榴市をかけたのである。

『正倉院文書』には白礬（明礬）が記されているが、椿や柃のほうが美しい色が得られるようだ。

紫草の染色法は中国から伝えられたものだと考えられるが、染色の時期について『延喜式』内蔵寮紫染条に、

毎年二月一日至五月卅日依件染畢

——毎年二月一日より五月三十日に染め終る

とある。当然、これは昔の暦によるので、現在より一ヵ月はずれるが、寒気の厳しい期間が紫根染に適していたことがわかる。

海柘榴市《つばいち》へ

私は、海拓榴市に行きたくなった。近鉄大阪線の桜井駅から初瀬川（三輪川）に架かる橋を渡って、右に折れると金屋の集落だ。このあたりは飛鳥に通じる磐余《いわれ》、山田の道、灘波へ向かう横大路、さらに西の竹内峠を結ぶ道が合流し、かつては交易の場として、わが国最古の市が開かれて賑わったのである。また、武烈天皇と平群鮪《へぐりのしび》とが影姫《かげひめ》を争った歌垣の場としても知られる。

金屋の集落の民家の片隅に海拓榴市観音という小さなお堂がある。うっかり見落してしまいそうだが、『枕草子』十四段に次のように記されている、古い観音堂である。

市は辰《たつ》の市。椿市《つばいち》は、大和《やまと》にあまたある中に、長谷寺に詣ずる人の、必ずそこにとどまりければ、観音の御縁あるにやと、心ことなるなり。

私は景行、崇神陵を経て石神神宮までの一五キロメートルを歩いた。旅人に出会うこともなく、静かな孤独な旅であった。

江戸の紫屋

紫根染について、『延喜縫殿寮』に材料用度が次のように示されている。

深紫　綾一疋、紫草三十斤、酢二升、灰二石、薪三百六十斤。
浅紫　綾一疋、紫草五斤、酢二斤、灰五斗、薪六十斤。
浅紫　絹一疋、紫草五斤、酢一升五合、灰五斗、薪六十斤。

以上のように決められているが、植物のもつ色素の含有量は個々に異なるので、このように決めて同じ色に染まったのだろうかと考えてしまう。

江戸時代に八代将軍吉宗が紫根染を奨励して盛んになる。藍で染める染屋は紺屋だが、紫根を用いて染める職人を紫屋と呼んだ。

うっちゃって看板にする紫屋

という川柳がある。紫を染めるために必要なものは紫根だが、染料をとったあとの根を捨てるために、とりあえず店の前に積みあげていたのだ。色素を含む部分は根の表皮に近い部分と細いヒゲ根のため、捨てる部分が多いのである。

優雅な紫色に似合わず、江戸で染める紫には江戸っ子らしい気風が感じられたらしい。色も、やや青みがかった紫だったという。

紫と男は江戸に限るなり
ならべると京都とちがう紫屋
鴨川の水でもいかぬ色があり

京都ではえもん江戸では式部なり

京都で染める紅色は、より華やかに染まり、江戸で染める紫色は青みがかって渋かったので、京の紅染、江戸の紫染とはやされ、赤染衛門と紫式部にかけたのである。このことは水によるのではないだろうか。それは京都の軟水に対して江戸は硬水だからである。紫根染に限らず、江戸の染色はだいたい渋かった。江戸人の渋好みも、こうした風土的な要因から生じたものだったかもしれない。

紫根問屋と紫染屋

江戸の紫根染については、先学の山川隆平氏の調査研究がある。それによると、江戸の紫根問屋と紫染屋は、寛政八年（一七九六）に株仲間の公認を得ており、その中の筆頭に「元浜町家主茂兵衛」が「里紫根問屋」に指定されている。この仲間株（組合）は、里紫根の購入価格を協定するのが目的であった。価格の談合である。染色材料の紫根の多くは江戸の近郊で栽培されたものだ。年間二千俵はあったらしい。一俵は十六貫（一貫は三・七五キログラム）だったので、相当量が仲買人から問屋を通して紫染屋に運ばれたのであった。

紫根生産地に位置する埼玉県久保村（現・上尾市）の須田家は、紅花を多く扱っていて、安政四年（一八五七）には四千六百両余の取引があった。が、紫根についてはそれほど多くなかったようだ。安政五

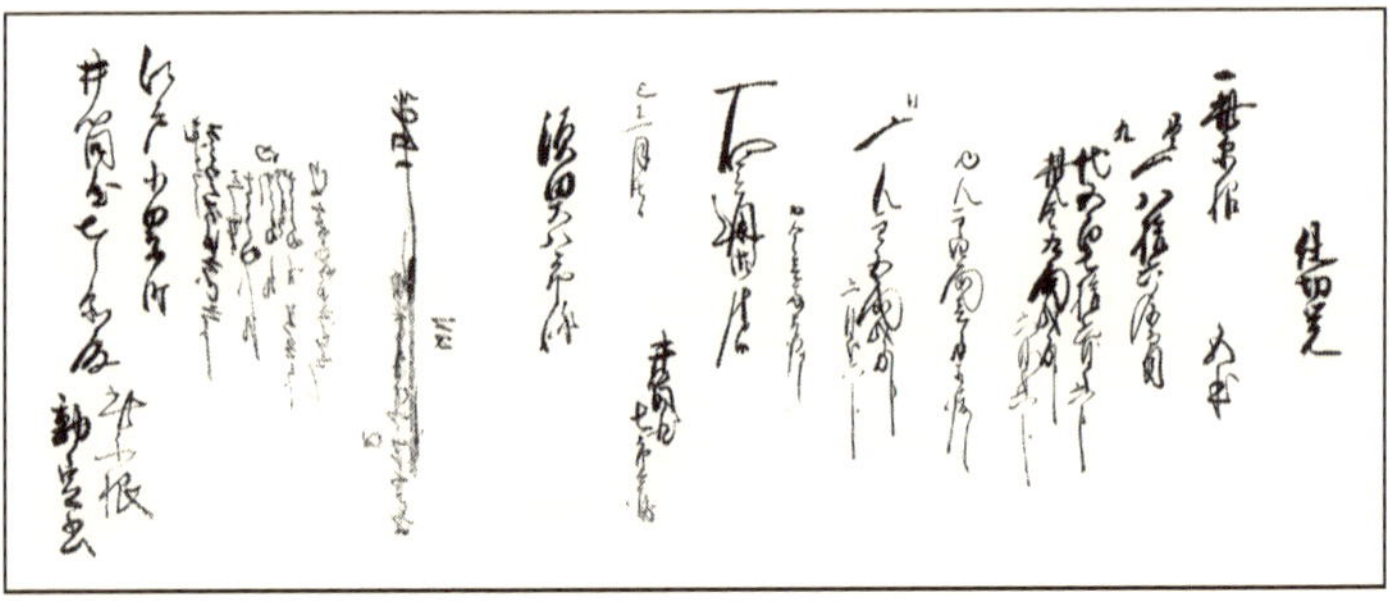

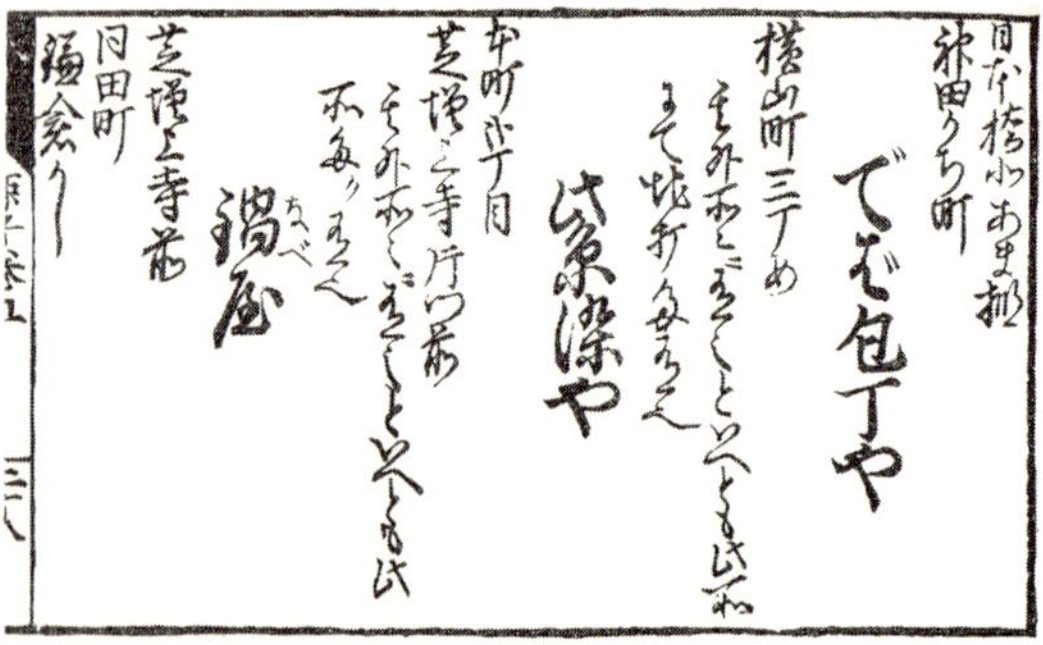

上／須田家に残る仕切帳に「紫根」の文字
左／『江戸鹿子』（貞享４年刊）に記された「紫染屋」

年（一八五八）二月十三日の項に、

大谷本郷丈右衛門殿上州より帰り立寄候処、紫根上州附送寄候様申来り、上州谷蔵殿ト申者江戸より帰宅欠《ママ》立寄

（略）

とあり、このことから、上州（現・群馬県）で紫草が栽培されており、「紫根上州」と呼ばれて問屋で取引されていたことがわかる。

また灰について、武蔵野の山野に多い柃《ひさかき》が利用されていたようだ。武州の灰屋清左衛門の家に「一便十八俵」という灰の依頼状が残されている。

『江戸鹿子』（貞享四年・一六八七）によると、紫染屋は日本橋本町と芝増上寺片門

紫灯籠

前の二軒が見える。ちなみに紺屋は九軒あり、ほかに「京都染物屋」として四軒が記されている。

武蔵野・井の頭の紫灯籠

井の頭公園へはＪＲ吉祥寺駅で下車して、公園まで歩いて五分。駅前の商店街を行き、ゆるやかな坂道をくだると池が見える。大きな池を半周して、弁財天を祭る大盛寺の前に出ると、石灯籠がある。まだ正月気分の抜けない一月上旬だったので、七福神めぐりの人たちが行き来していた。

灯籠は俗に「紫灯籠」と呼ばれているが、いつごろからそのように呼ばれるようになったかは、わからない。が、紫草の関係者の奉納だったことから、このように呼び慣わされたのである。

灯籠には「奉納」「日本橋」とあり、向かって右の灯籠に、

丸屋治郎兵衛
人見屋太兵衛
凡屋彦右エ門（ママ）

三河屋源兵衛
遠州屋助三郎
伊勢屋伊兵衛
柏屋三次郎

また、向って左の灯籠に

遠州屋助三郎
丸屋治郎兵衛
三河屋源兵衛
人見屋太兵衛
丸屋右衛門
柏屋三次郎
伊勢屋伊兵衛

左右で七名ずつ十四名の名が読める。このうち六名は左右の両方に名を列ねているが、二名は一方だけである。これは奉納金額の差によるものであろうか。さっぱりとした石灯籠であった。が、実際は七十九名の紫根問屋、薬種問屋、紫染屋、灰屋などが列記されているというが、磨滅していて読むことが

井の頭弁財天の社雪の景（広重）

井の頭恩賜公園の池の正面に見えるのが大盛寺

できなかった。

この石灯籠は、江戸の紫根元（仲買人）、紫染屋と薬種問屋組合の三者共同で慶応元年（一八六五）に寄進したものであることが『諸問屋名前帳細目』（国会図書館刊）に見られる。

石灯籠を井の頭の弁天堂の傍らに寄進した由来は、紫根染の職人が、神田川の水を利用していたからである。この川の水源は井の頭の池だからであった。湧水が池をつくり、川は神田川となって東京湾にそそぐ。この川が開かれたのは徳川家康が江戸に入るのと前後して、家康に随行してきた大久保藤五郎忠行が、天正十八年（一五九〇）に開いたとも、また、三代将軍家光のころ多摩地方の農民・内田六次郎が寛永年間（一六二四─四四）に開いたともいわれている。この神田川は分水して水戸徳川家の祖・徳川頼房の屋敷に流れ、回遊式築山泉水庭園を造っている。現在の小石川後楽園である。

紫草は「むらさき」として

私は井の頭公園の中に、武蔵野の名残りの紫草が栽培されているのではないかと、公園の管理所に行った。所内は昼食後のくつろいだ雰囲気だった。

「紫灯籠を見てきましたけど、ここに紫草を植えていますか」と、私。

奥のほうにいた人が、

「紫灯籠は知らないなあ」

という。場所を説明すると、

「まぎらわしいけど、あの弁天堂は公園ではないんですよ。大盛寺といって別なんです」

と、いうことであった。それでもその人は、「むらさき」という言葉に惹かれたらしい。

「あなたは紫草とどう係っているの？」

「この武蔵野に紫草があるのか、たずね歩いているんです。このあたりは、昔は紫草が自生していたはずですから……」

「紫草はこの公園でも欲しいなあ。種子が手に入ったら分けてください」

といった。

他のもう一人は、

「紫草が自生していた面影は、いまはまったくありませんが、むらさき橋とむらさき通りといって、紫草の名を残しているところがありますよ」

と教えてくれた。それによると、むらさき橋は、玉川に架かる橋で、三鷹市（東京都）と武蔵野市（東京都）を結ぶ。昭和二十三年（一九四八）両市が協力して建設したのであった。この橋の名は二つの市から公募で決めたという。その理由は、

広い原野の一面に咲き誇っていた「むらさき草《ママ》」の名前にちなんだもの

と、書かれていた。むらさき橋は、昔の橋台をそのまま残し、その外側に新しく橋台を設けて橋を乗せる工法で、平成九年（一九九七）に架け替えた。

私はその「むらさき橋」と「むらさき通り」に行きたかった。井の頭公園を出て、玉川上水にかかる萬助橋を渡り、玉川の流れに添う道を歩く。道は整然としていて、歩道の幅も広くゆったりしている。この道に「風の道」という名が付いていた。途中に山本有三記念館や太宰治の碑があり、文学散歩にも格好だ。

『江戸名所図会』に

紫草、武蔵野の景物とす。和名類聚抄に、無良散岐《むらさき》と訓ず。紫は最上の色にして、古歌にも免《ゆるし》の色、また位の色など詠みあはせたり。根を砕《くだ》きて染む故に、紫の板染、又紫の根摺《ねずり》ともいへり。女に比しては縁《ゆかり》の色などともいへり。江戸紫は最も絶妙にして、他邦に類なし。故に江戸むらさきの称なり

と、記されている。

私は「むらさき橋」の傍らに立った。紫草の匂いを感じたいとおもった。この辺一帯が、かつて紫草が自生していたことに思いを巡らしながら、時折りやわらかく吹いてくる風に身をまかせていると、紫草に対する実感が湧いてきて、嬉しかった。そして、先刻の公園管理所の人が、つぶやくようにいって

むらさき通り、むらさき橋など、三鷹市に残る「むらさき」の名

いた言葉が思い出された。

「紫草は根を染料に使うでしょ。だから掘り出されて使われたのと、花が小さいから土地開発で雑草として捨てられたんじゃないかなあ」

と。私も同感であった。するとその人が、突然のようにいった。

「ところでね、トキを知ってる?」

トキといえば野鳥の朱鷺《とき》か? その昔、この武蔵野にも朱鷺《とき》がいたというのだろうか。私は一瞬いぶかると、

「都の旗ですよ。紫が東京のシンボルです。だから旗は江戸紫が決まりです」

という返事であった。そういえば東京府に東京市があったころ、市歌があった。

紫匂う武蔵の野辺に
　日本の文化の花咲き乱れ

だが、東京に生まれて何十年。都旗が江戸紫であることを知らな

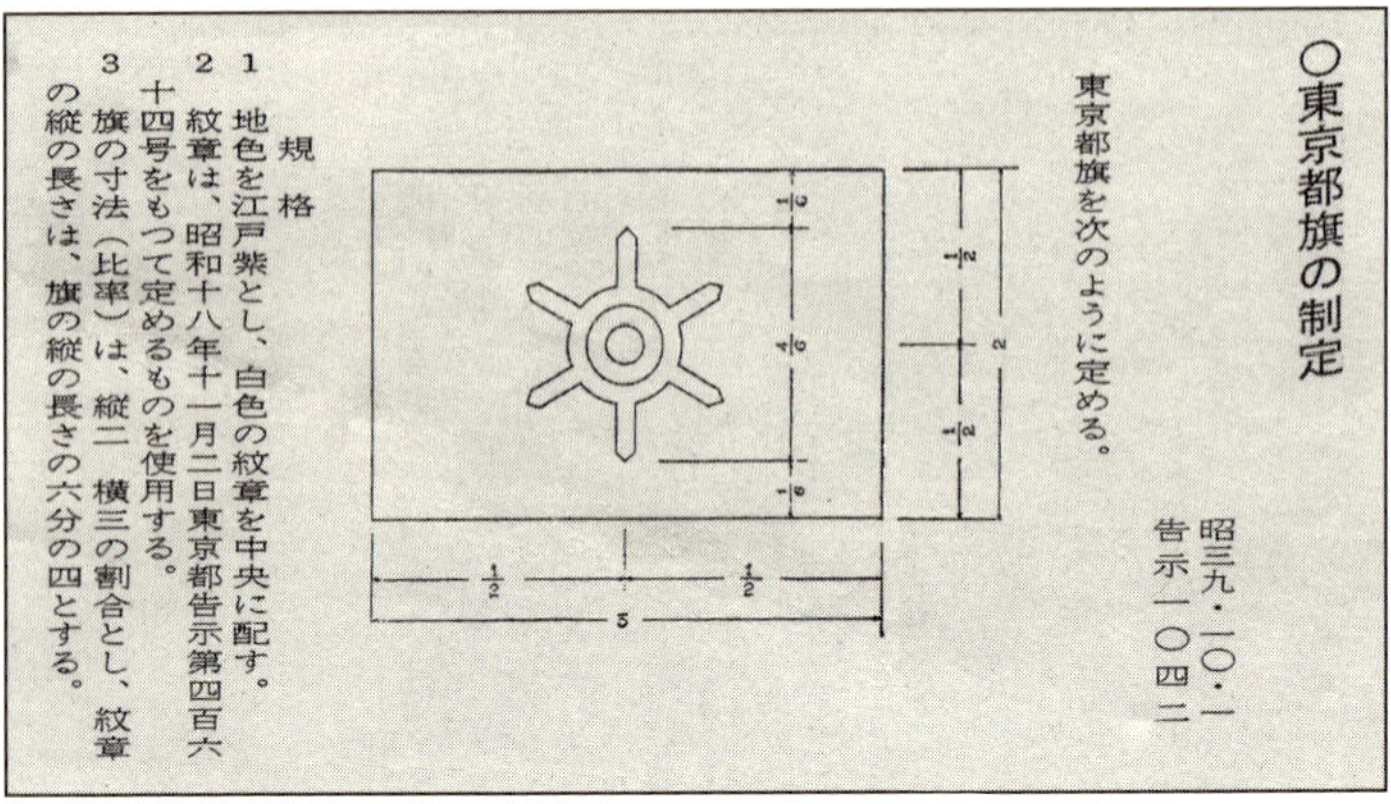
○東京都旗の制定

昭三九・一〇・一
告示一〇四二

東京都旗を次のように定める。

規格

1 地色を江戸紫とし、白色の紋章を中央に配す。

2 紋章は、昭和十八年十一月二日東京都告示第四百六十四号をもつて定めるものを使用する。

3 旗の寸法（比率）は、縦二 横三の割合とし、紋章の縦の長さは、旗の縦の長さの六分の四とする。

東京都旗

かった。都の祝日にかかげる旗が紫であることは知っていたが、「東京都旗」が昭和三十九年十月一日に、地色を江戸紫とし、白色の紋章を中央に配す、と決められたことは知らなかった。今年、平成二十年の新年に挨拶する石原知事の背後に、江戸紫の都旗があった。

さらに調べていくと、都立小石川高校の校章が紫草の花をモチーフにしたものであることを知った。

また、埼玉県歌は「紫匂う武蔵野の青垣なせる秩父山」とうたわれ、埼玉県立川越高校の校歌が「紫匂う武蔵野の……」と始まり、「天与も深き川越の」と続くのだ。

武蔵野ゆかりの紫がいろいろな形で存在していることに、私も誇らしい気持になった。

セイヨウムラサキの弊害

紫草が武蔵野から絶滅したと伝えられたころの昭和四〇年（一九六五）、文学愛好のグループが紫草を復興させようと、セイヨウムラサキの種子（植物学的には果実）を播いた。セイヨウムラサキの原産はヨーロッパで、性質は丈夫、手入れをしなくてもよく育つ。毎年こぼれ種子からよく芽が出る。日本の紫草とは同属異種で、まったく関係がない。根に紫の色素も含まれていないので、日本の紫草の代用にもならない。むしろ日本の紫草と雑種を作ったり、紫草の生育地に侵入して、紫草を絶滅に追いやる可能性があるのだ。この点を心配した植物研究者が、ずいぶん忠告したというが聞き入れられず、種子は山の中ばかりか、なんと額田王ゆかりの蒲生野にも播かれたという。

日本の紫草が雑種になる危険を心配してのことだが、幸か不幸か、日本本来の原種の紫草がほとんど絶滅しているので、いまのところ悪影響は認められないようだ。

しかし、公園にセイヨウムラサキが植えられており、ムラサキ（紫草）の名札を付けられている所があるという。

紫草とセイヨウムラサキの区別は、紫草の花冠は白色だが、セイヨウムラサキの花冠は、わずかに黄色味を帯びているのでわかる。

武蔵野に幻の紫草《むらさき》を訪ねて（II）

「江戸紫」の名称の由来

「江戸紫」の名称の由来について、『日本の傳統色彩』（長崎盛輝著）は、

江戸紫の江戸は「京」の紫に対して「江戸染の紫」の意でつけられたものか、（略）その色相は、京紫に比して赤味か或は青味かなど、後世種々議論を呼んでいる

と、している。そして、色相は「杜若《かきつばた》の花の色に似た、濃艶な赤味の紫をいう」という。

伊勢貞丈は、『貞丈雑記』で、

按ズルニ、紫色ハ今世京紫（青みの紫）ト云色也、葡萄ハ今世江戸紫（赤みの紫）ト云色也

紫師（『人倫訓蒙図彙』より）

と述べ、そのあとに注として、「京紫ハ赤気カチナリ、江戸紫は青気カチ也」と、反対の注を加えている。

この江戸紫について、『人倫訓蒙図彙《じんりんきんもうずい》』（元禄三年・一六九〇）に、

此紫染、一種これをなす。中にも上京石川屋其名高し。茜《あかね》は山科名物也。又、江戸紫の家、油小路四条の下にあり。

と、見えている。このことから、元禄の頃（一六八八―一七〇四）には京都でも「江戸紫」の名称で染められていたことがわかる。

江戸で「江戸紫」を染めた話

明治三〇年（一八九七）の『都新聞』の付録で

あった「都の錦」に、武州多摩郡松庵新川の杉田屋仙蔵という農夫が、紫草に情熱を持ち、紫根染を完成させて売り出したという話が掲載された。仙蔵の生年、没年もわかっていないが、江戸時代の宝永年間（一七〇四―一一）のことらしい。

記事を書いたのは、おそらく新聞記者ではないだろうか。いかにも記者らしい文章に私も心打たれた。

豪農であった仙蔵は、老後は学問を楽しみにしようと考えていた。折りよく京都・智積院《ちじゃくいん》の僧・円光がこの辺りに行脚に来ていたのを家に招じて、自分の志を語ると、円光はその殊勝な心に感じて錫をこの村に置き、仙蔵に文字を教えることになった。

ある日、仙蔵は円光と共に江戸に出たところ、紫色の衣裳を着ている人を見て家に戻る。仙蔵は茜と藍を混ぜて紫色を染めるが、見た色と異なる。仙蔵は勉学を重ね、古歌を読み、紫草という植物があって、根から染料を得ることを知る。たまたま日本橋本町の薬種問屋で紫根と書かれた荷物を目にした。それが「奥州南部」のものと知る。仙蔵は翌年、南部への旅に出て、農家の小作人となって紫草の栽培法を覚えて帰り、自宅の畑に紫草の種子を蒔いた。収穫してみると、根は肥えて見事だが、色素は不足していた。考えた末、石灰分を含む肥料を施し、ようやく目的の紫色を得ることができた。さらに水にも着目して、近くの井の頭の湧水から流れ出る江戸川の水を使ったところ、美しい紫色を得ることができたという。これを「江戸川染御紫」の名で売ったところ、評判が良かった。これが後に「江戸紫」と呼ばれるようになったと伝えている。

杉田屋仙蔵のゆかりの地へ

かつての武州多摩郡松庵新川という地は、現在の杉並区松庵で、ＪＲ西荻窪駅の南側に位置する。松庵の地名は、『東京地名考』（朝日新聞社刊）によれば、荻野松庵という医師が万治年間（一六五八―六一）に開いたのが、当時の村名となって今も伝えられているという。この地は江戸初期まで萱《かや》原だったが、新田として開墾された。江戸中期の戸数は十三戸で、畑の広がる小さな村だったらしい。

杉田屋仙蔵の亡きあと、円光は近くに小堂を建立し、杉仙山円光寺と称して仙蔵の菩提を弔いながら、この地で亡くなった。仙蔵の子どもたちは、文化文政（一八〇四―三〇）の頃までは紫根染を家業としていたと伝えられる。

杉仙山円光寺は明治維新で神仏分離が行なわれ、続いて廃仏毀釈のために廃寺になった。この円光寺の一隅にあって、あたかも円光寺の稲荷祠のようになっていたのが、現在の松庵稲荷神社として残されている。大正六年（一九一七）発行の『東京府豊多摩郡神社誌』に、「境内地六〇坪、氏子一二、三戸」と記され、その後の昭和九年（一九三四）五月に、旧中高井戸村の鎮守・中高井戸稲荷神社を合祀して、本殿を造営した。現在、境内地は三百六十三坪である。

私は松庵稲荷神社を目安にして、ＪＲ西荻窪駅から商店街を抜けて五日市街道に出た。稲荷神社は街

松庵稲荷神社

道に面しているが、欅《けやき》、赤樫、銀杏《いちょう》などの老樹が鎮守の森をつくっていた。静かだった。

境内で竹箒《ほうき》で落葉を掃除している人がいたので声を掛けた。

「わたしは、この稲荷神社の氏子ですから掃除をしているだけです。神社総代の家はこの近くですから、寄ってみてはどうですか。いろいろお話を聞けるとおもいますよ」

ということであった。

私は昭和十年奉納の石鳥居をくぐった。明治二十六年（一八九三）四月奉献の手水鉢があり、左手に赤鳥居のある小祠があり、軒先にこの祠の由来が記されていた。

昔、当稲荷神社の西側に円光寺というお寺がありました。そのそばに大きな築山がありまして、狐が穴を掘って子狐を育てていました。

あるときとなり村の村人が子狐を捕えて食べてしまいました。親狐は子狐と別れた悲しみのあまり、前足をくわえた姿で拝殿の床下から発見されたのです。以来この狐を社にあらためてお稲荷さまのお使い姫として、そのご神体を敬ひお祀りしてあります。

新田開発に応じて、以来三百五十年を暮らす

稲荷神社の氏子総代の窪田さんのお宅にお伺いすることにした。が、あまりにも広大な屋敷に、ちょっと恐れをなした。なにしろジャンパーにジーパンである。そのうえ紹介もない突然の訪問である。断られるかもしれないと覚悟を決めてベルを押すと、玄関を開けてくれたのは、長身の若々しいご主人であった。

お訪ねした由来を話すと、気持よく話を聞いてくれた。

「稲荷神社は農業の神様ですからね。わたしたちの大事な神様、鎮守様です。近ごろはお参りしてくれる人が多くなりました。由来のように、子狐をおもう親狐の心情が人の心を打つのでしょう。子育てとか安産祈願にお詣りしてます」

私もさきほど、カナダの人らしい男性が、二礼、二拍手、一礼している姿を見かけたのである。

「わたしの家は、わたしで十三代目。ご先祖さまが三百五十年前に、この地に移住してきたんです。開拓ですね。ここで野菜などを作って神田の市場に運んだんです。牛車でね。翌日の朝早く着くために、

前日の晩にここを出たそうですよ。牛もここで飼ってました」

と、指さす先は、玄関の脇であった。

「今は牛は必要ないですから改造しました。でも、この家を見てください。農家ですから東向きです。朝、太陽を拝んで仕事に出たんですよ。そういう暮しがありました」

「現在も百姓をしてます。うちの野菜は無農薬です。ハウスも使いませんからトマトは一年に一回の収穫」

広い家敷内に百年を越す多くの巨木がある。

「大きな木は、もと防風林の役目だったんです。百姓というのは畑とは別に広い場所が必要なんですね。木の枝を払った小枝をさらに小さく切って、燃やして灰にし、肥料にします。落葉は集めて堆肥にするでしょう。農家は野菜屑が出ますね。それは鶏の餌になります」

鶏小屋を見ると、青菜をついばんでいたり、小屋の中を歩きまわっている鶏がいたり、みな元気だ。

「自然循環です」

窪田さんは、そういうと言葉を切った。

「紫草の話だといいますが、この辺は昔は藍を栽培していたんですよ。それでうちでも去年藍を栽培して、藍玉を作りました。そのうち藍染もしたいですね」

藍の話なので、私もつい引き込まれた。

このあたりは、明治時代は藍草の栽培が盛んであった。農家は藍を栽培し、その葉を買い集めて藍玉に加工する藍屋が増え、これが杉並の農村工業の始まりといわれ、一時、藍屋は三十軒を超す盛況だったという。

「ところが明治三十八年頃、ドイツから合成染料が輸入されて、藍玉価格が大暴落して、ほとんどの藍屋は大損害を受けたんです」

そのような事情から、藍についての資料は乏しいが、『杉並風土記』（下巻）に見える資料を次に紹介する。これは高井戸の横倉家の「藍葉仕入覚帖」である。この末尾に、藍玉に仕上げるまでの記録（藍葉のねかせ日記）がある。

藍葉のねかせ日記

四十一年二月床

一、葉　正味　三百〇弐貫百（匁）

二月二十一日　床ツケ　凡六坪半

初水　拾三ケ半（二斗入）

二月二十七日（七日メ）　から返し

三月　四日（十三日目）　二水　八ケ半

三月　八日（十七日目）　から返し

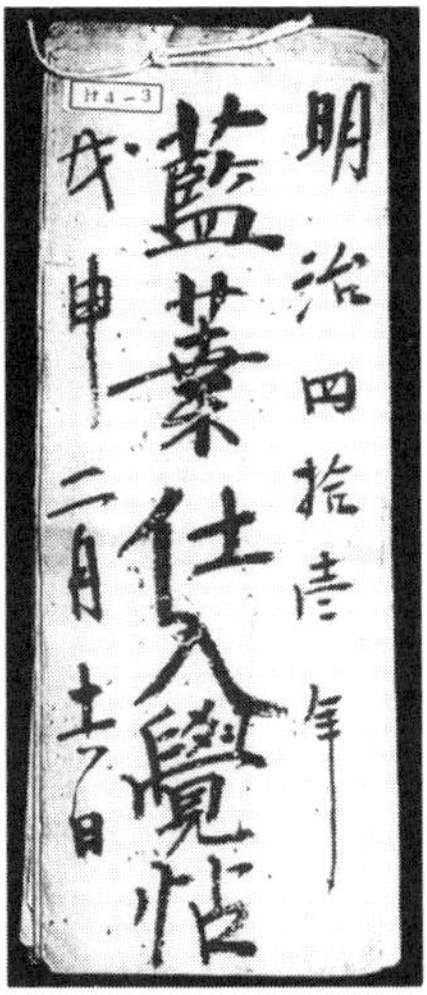

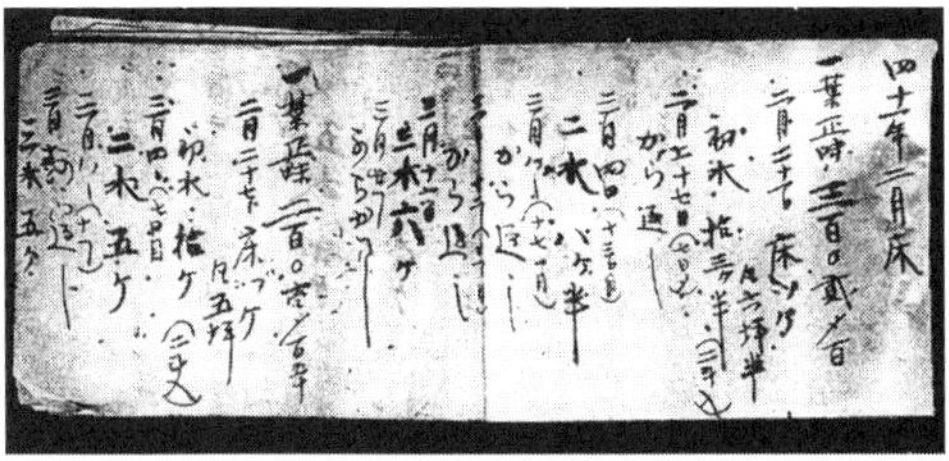

右：「藍葉仕入覚帳」　左：「藍葉のねかせ日記」（横倉家文書）

三月十二日（二十一日目）　から返し
三月十六日　三水　六ケ
三月廿一日　から返し

一、葉　正味　二百〇壱貫百五十（匁）
二月二十七日　床ツケ　凡五坪
初水　拾ケ（二斗入）
三月　四日（七日目）　二水　五ケ
三月　八日（十一日目）　から返し
三月十六日　三水　五ケ
三月二十二日　からかへし
三月二十五日　二口合せ　からかへし
三月二十八日（三十七日目）　四水　弐ケ
四月　四日　五水　弐ケ
四月十二日　六水　壱ケ
四月廿壱日　七水　壱ケ半
四月廿九日　八水　壱ケ半
五月七日（七十五日目）より搗始メ

五月九日迄

私は、別れ際に窪田さんから自家製藍玉を記念にといただいた。

杉田屋仙蔵ゆかりの旧家をたずねて

「江戸川染御紫」を売り出した杉田屋仙蔵が亡くなったあと、子どもが仕事を継いだという話はあるのだが、はっきりしない。

やがて、杉田屋は絶える。

手元の一、二の資料によれば、「杉田屋仙蔵の広大な畑地と屋敷は、親戚の岸野錠助によって管理されている」とあった。私は岸野家をたずねた。

屋敷林が繁り、高い塀をめぐらした一種近寄りがたい家であった。この岸野家は現当主で十五代目だそうで、資料に書かれていた「岸野錠助」は十三代目であった。

「錠助おじいちゃんが書いたものがあります」

といって持ってきた額縁には、「岸野家の御先祖が、寛文年間、徳川将軍鷹狩りの武蔵野の茅野ガ原に居を定め、此井戸の御恵を戴き、以来三百五十年を迎える」と、昭和六十二年十月十五日に記されている。

現当主は十五代目で、その父、つまり十四代目の平治さんは平成四年に亡くなり、その奥さんのみね

岸野家（杉並区で一番長い廊下がある）

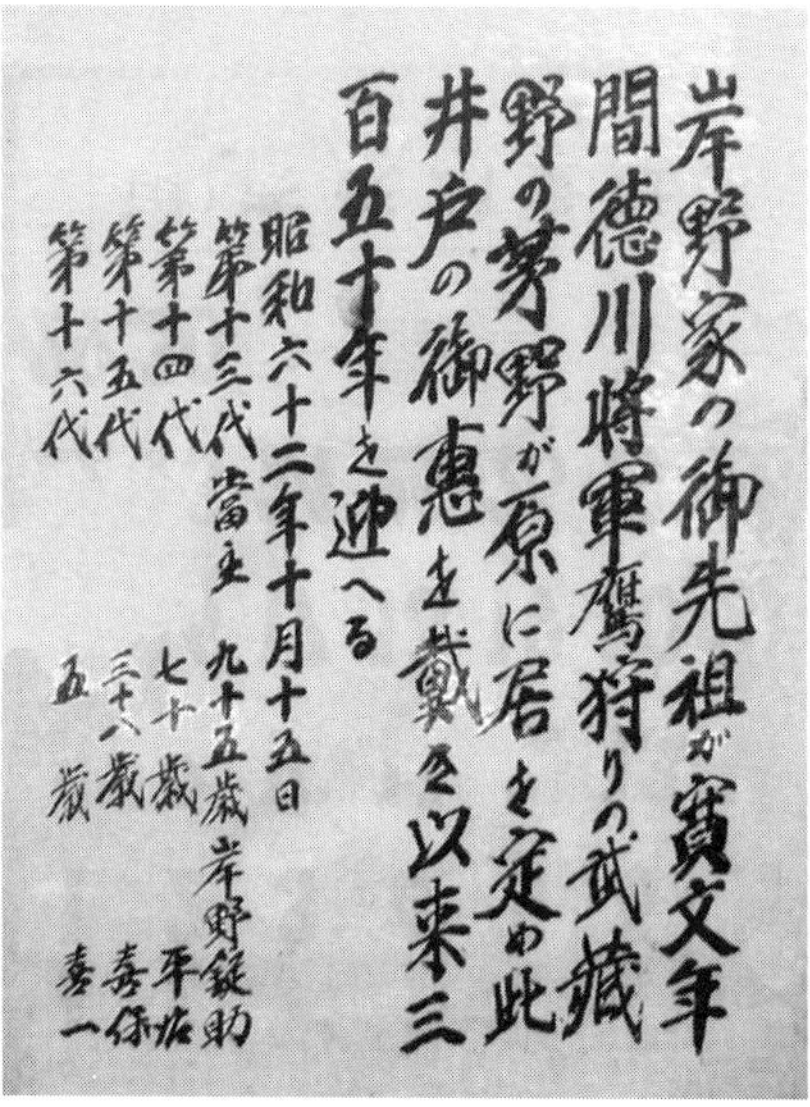

岸野家の御先祖が寛文年
間徳川将軍鷹狩りの武蔵
野の茅野が原に居を定め此
井戸の御恵を戴き以来三
百五十年を迎へる
昭和六十二年十月十五日
第十三代当主　九十五歳　岸野錠助
第十四代　七十歳　平治
第十五代　三十八歳　喜保
第十六代　五歳　喜一

岸野錠助さんが書いた系譜

子さん（大正十四年生）が、日当りの良いところで、ゆったりとくつろいでおられた。私はみね子さんに、

「杉田屋仙蔵さんのご親戚ですか？」

と、お尋ねした。

「いいえ、まったく親戚ではありませんよ」

輝く太陽の光が、私たち二人に燦々と降りそそぐ。風がなく、穏やかな日であった。私は、なぜ間違ったことが資料として、年代を越えて伝わっているのかが不思議だった。詳しい資料が手に入らない時代に、一つの資料を元に利用されていたのであろうか。私は今、資料の間違いを訂正しておかなければならないと、心の中で感じていた。

しばらく沈黙のあと、みね子さんが口を開いた。

「わたしは嫁としてこの家に来ましたけど、聞いた話では、先祖はここを買ったのです。買った畑地は、今のJR吉祥寺駅のむこうまでありました。うちの畑の中に国鉄の線路が通ったのです」

「錠助おじいさんは、わたしにとって義父、舅《しゅうと》ですが、百歳まで生きてくれました。面倒を見るのは嫁のわたしで、それは当然のことと思っていました。それなのに〝悪いね〟〝ありがたいね〟といっていました。それで嫁に土地を渡したいと遺言しましたけど、法定相続人ではないので、相続するには大へんな税金なんですね。長男の息子がいろいろやってくれました」

詳しい広さは知らないが、広大な家屋敷のほかに畑地を持ち、当主の十五代目は医者、その父の十四代目は銀行員、十六代目を継ぐ子ども二人はそれぞれ医者の道を選んだ。三百五十年前の寛文年間にこ

円光寺の住職の墓地（稲荷神社の裏手にある）

の地に居を定めた初代は、農家としてどのような暮しをしていたのだろうか。

「小作人を雇っていたんですね」

と、みね子さんはいっていた。

「その当時、農家はたいてい茅葺《かやぶき》の屋根でしたが、杉田屋さんのところは瓦屋根《かわら》で、火事になって家を壊したとき、瓦が山のようだったという話が残っています。でも、いってみれば〝つぶれ屋敷〟なんですね。〝つぶれ屋敷〟を買うと、家は発展しないっていいますが、杉田屋の土地を買った人も、発展できなかったようですよ」

「円光寺の跡地を村中で分配して、住職の墓石を畑の片隅に追いやってから、村の旧家に凶事がつぎつぎと起こったんですって。そんな話が語り継がれているので、なにか良くないことが起こると、円光寺の土地のことに結びつけて噂したものです。それで歴代住職の霊を慰めて、凶事が起こらないようにしようと、昭和四十年（一九六五）に皆で浄財を出し合って、住職の墓地を整備して、五輪塔の供養碑を建てて、手厚く供養しました」

「その供養の日、どこからか托鉢僧が来まして、うちに寄っていきました。そして記念に一筆書きましょうといって、書いてくれましたが、梵字《ぼんじ》でわたしたちには読めません。でもわたしには不思議な仏縁だとおもわれるのです」

円光寺の歴代住職の墓は稲荷神社の裏手に、きちんと整備されている。昭和四十年建立の五輪塔を中央に、左右に五基の無縫塔がある。

岸野家では、初午などお祭りの日には、いまでも歴代住職の墓前に赤飯を供えるそうだ。

静かな住宅街で聞いた話は、民話のようにゆったりとしているが、実際のことを知る人たちの語りは、優しいが、どこか凜としているのであった。

紫草《むらさき》は「絶滅危惧種」指定

紫草と忘れな草は同じ仲間

紫草は藍・紅花と共に三大色料として古代から珍重されてきた。それらの色彩は地位身分を示すものとして重要視され、平安時代には、日本独自の華やかな色彩文化が誕生した。これは、隋・唐の文化が伝えられ、染色の技術と薬草としての効能が教えられたからである。

紫草は「ムラサキ科」に属する植物で、この科には次の二十二種がある。

えぞむらさき	わすれなぐさ	ちしゃのき
むらさき	いぬむらさき	まるばちしゃのき
ほたるかずら	さわるりそう	すなびきそう
みずたびらこ	たちかめばそう	きゅうりぐさ
つるかめばそう	はまべんけいそう	ひれはりそう
るりそう	やまるりそう	おおはりそう

おおるりそう　　おにるりそう　　みやまむらさき
はないばな

このうち「おおるりそう」と「るりそう」は、その根から紫色の染料を得るとされるが、鮮麗な紫色の色素を得ることができるのは「むらさき」だけである。

「むらさき」について『牧野新日本植物圖鑑』によれば、

> 日本、満州《（ママ）》、中国、アムールに広く分布する多年草。山地や草原にはえ、高さ三〇―六〇センチ、根は紫色で太く、地中にまっすぐのびてしばしば分岐し、その頂から茎を出す。茎は直立し、上部は枝分れして葉とともに斜上する長い粗毛が多い。葉は互生し皮針形で、先端と基部は次第に細まってとがり、ほとんど柄がなく全縁である。六―七月、葉のつけねの葉状をした包葉の間に白色の小さい花をつける。（略）果実は四個の分果にわかれ、分果は小粒状で光沢があり灰色。昔から根を薬用または紫色の染料として用い、栽培されることもある。

同書は初版昭和三十六年（一九六一）であるから、その当時紫草は山野に自生していたのが見られたのであろうか。

紫草が山野から姿を消したらしい昭和十一年（一九三六）六月に、練馬区大泉学園町の雑木林で紫草

紫草の現地調査の集計結果

「現存する株数」別のメッシュ数

～10株	11～100株	101～1000株	1001株以上	不明	絶滅	合計
33	8	2	0	25	15	83

「以前からの増減」別のメッシュ数

1/100以下	～1/10	～1/2	～1	1以上	不明	絶滅	合計
3	8	6	4	0	47	15	83

(環境省『レッドデータブック』より)

が一本見つかったと新聞に報道され、紫草研究に熱をあげる人が多くなった。のびやかに自然の残る地で、私もここで野生のカタクリの群生地を見つけたことがあったが、やがてこの辺り一帯は宅地造成されてしまった。この地での紫草の発見も、それっきりであったようだ。

紫草は「絶滅危惧種」だった

私は環境省に行き、野生紫草の位置づけを聞いた。

それによると、野生の紫草は「植物I(維管束植物)B」であって、平成十九年八月現在で、絶滅のおそれのある一六九〇種のうちの一種で、レッドリストに入っていたのであった。

紫草は少なくなって、手に入りにくくなった、と、紫根染関係者から聞いてはいたが、絶滅危惧種に指定されていたとは知らなかった。

環境省による現地調査の集計は別表のようである。調査地の八三メッシュ(区分)のうち、一五メッシュは絶滅であり、二五メッシュは不明である。また、三三メッシュでは一〇株以下。八メッシュでは一一株から一〇〇株。一〇一株以上一〇〇〇株は、わずかに二メッシュなのであった。

紫草の都道府県別分布状況
（○：生育、△：現状不明・文献情報、×：絶滅）

都道府県	現況	都道府県	現況	都道府県	現況	都道府県	現況
北海道	○	青森	○	岩手	○	宮城	○
秋田	○	山形	○	福島	△	茨城	△
栃木	○	群馬	○	埼玉	△	千葉	△
東京	○	神奈川	○	新潟		富山	
石川		福井		山梨	△	長野	○
岐阜	×	静岡	○	愛知	○	三重	△
滋賀		京都	△	大阪	△	兵庫	○
奈良	△	和歌山	△	鳥取		島根	
岡山	○	広島	○	山口	○	徳島	△
香川		愛媛	△	高知	○	福岡	○
佐賀		長崎	△	熊本	△	大分	○
宮崎	×	鹿児島		沖縄			

（環境省『レッドデータブック』より）

これを以前からの減少状態で見ると、百分の一に減っているのが三メッシュ、十分の一に減っているのが八メッシュ。二分の一に減っているのが六メッシュである。しかも不明であるメッシュは四七に増加しているのであった。

環境省の係官の話によると、

「八三メッシュのうち一五メッシュで絶滅し、二五メッシュで現状不明。では現存するのはといえば、三三メッシュで数個体、八メッシュで数十個体、二メッシュで数百個体であり、統計で約一千個体と推定されています。平均減少率は約七〇パーセント、二十年後の絶滅確率は約三〇パーセントです」

という話であった。

染色には乾燥した紫根を一回に一キロ使うとすれば、根の量は約十本から十三本である。これではたちまち紫草は絶滅する。しかし絶滅の原因は染色用のためばかりではなかった。おもな減少は山野地の管理放棄であり、草地の縮少などであった。また、園芸用として採集した影響でも一六メッシュで指摘されている。新聞などで野生の紫草の一本が見つかったと報道されると、無責任に、たちまち掘り出され、持ち去られると聞いた。私はその行為を許せない。

環境省による紫草（原種）の都道府県別の分布状況をみると、別表のようである。

いつの日か、野生の紫草の群落がどこかの地で保全されることを願っている。

『風土記』に見る紫草の自生地

古代の紫草の自生地の記録は『風土記』によって知ることができる。

『風土記』は、和銅六年（七一三）諸国に命じて作らせた地誌で、諸国の物産、土地の良否、地名の由来、古老の伝聞などをおもな内容とし、律令時代の地方の実情を知ることができる。完成には多年を要した。現存するのは常陸《ひたち》、出雲、播磨《はりま》、肥前、豊後《ぶんご》の五ヵ国分で、完本は出雲だけである。日本における紫草の初見は、この『風土記』による。

『常陸国風土記』に次のように見える。

彼方郡《なめかた》

郡《こほり》より東北《うしとら》のかた十五里《さと》に當麻《たぎま》の郷《さと》あり。古老《ふるおきな》のいへらく、倭武《やまとたける》の天皇《すめらみこと》、巡《めぐ》り行《い》でまして、此の郷《さと》を過《す》ぎたまふに、佐伯《さへき》、名は鳥日子《とりひこ》といふものあり。其の命《みこと》に逆《さか》ひしに縁《よ》りて、隋便《すなは》ち略殺《ころ》したまひき。即《やが》て、屋形野《やかたの》の帳《とばり》の宮《みや》に幸《い》でますに、車駕《みくるま》の経《へ》ける道狭《みちさ》く地深淺《つちたぎたぎ》しかりき。悪《あ》しき路《みち》の義《こころ》を取《と》りて、當麻《たぎま》と謂《い》ふ。俗《くにひと》、多支多支斯《たぎたぎし》といふ。野《の》の土《つち》埆《や》せたれども、紫艸《むらさき》（紫草）生《お》ふ。二つの神子《みこ》の社《やしろ》あり。その周《めぐり》の山野《やまの》は、櫟《いちひ》・柞《ははそ》・栗《くり》・柴《くぬぎ》・往々林《よりよりはやし》を成《な》す。猪《ゐ》・猴《さる》・狼《おほかみ》、多《さわ》に住《す》めり。

また『出雲風土記』に、次のように見える。

仁多《にた》の郡《こほり》

合《あは》せて郷《さと》は四　里《こざと》は一十二なり。

志努坂野《しぬさかの》　郡家《こほりのみやけ》の西南《ひつじさる》のかた卅一里《さと》なり。紫草《むらさき》少《す》少《こ》しくあり。

城紲野《きせの》　郡家《こほりのみやけ》の正南《まみなみ》一十里《さと》なり。紫草《むらさき》少《す》少《こ》しくあり。

大内野《おほうちの》　郡家《こほりのみやけ》の正南《まみなみ》二里《さと》なり。紫草《むらさき》少《す》少《こ》しくあり。

志努坂野は、現在の仁多郡の西南部で広島県に近い山間部。鯛ノ巣山（標高一〇二六メートル）の裾野に位置する。城紲野は、所在は明らかでないが、横田町の山間部であろう。また、大内野は横田町の北、玉峰山（標高八二〇メートル）の山間部であろうか。

同じく『出雲風土記』の飯石郡に、次のように記されている。

飯石《いひし》の郡《こほり》
合《あは》せて郷《さと》七里《こざと》は一十九なり。
幡咋《はたくひ》山　郡家《こほりのみやけ》の正南《まみなみ》五十二里《さと》なり。紫草《むらさき》あり。
野見《のみ》・木見《きみ》・石次《いはすき》、三《みつ》の野《の》　竝《なら》びに郡家《こほりのみやけ》の南西《ひつじさる》のかた卅里《さと》なり。紫草あり。
城垣《きかき》山　郡家《こほりのみやけ》の正西《まにし》一十二里《さと》なり。紫草《むらさき》あり。

幡咋山は、現在の赤来町の東、広島県との県境に近い山、琴引山（標高一〇一四メートル）だろうか。野見・木見・石次などについては、定かではない。

『延喜式』に見る紫草生産地

『延喜式』とは『延喜格式』のことで、醍醐天皇のときに編修された格と式。延喜五年（九〇五）に藤原時平らに命じて編修に着手し、格は貞観《じようがん》一一年から延喜七年（八六九―九〇七）のおもな詔勅や、官符を集めて完成した。式は時平の没後、藤原忠平が延長五年（九二七）に完成。

『延喜式』によれば、宮中で年間に要する絹布を染色する料として全国の紫草生産地に課したのである。

甲斐国	八〇〇斤	相模国	三千七〇〇斤
武蔵国	三千二〇〇斤	下総国	二千六〇〇斤
常陸国	三千八〇〇斤	信濃国	二千八〇〇斤
上野国	二千三〇〇斤	下野国	一千斤
合　計	二万二〇〇斤		

以上のほかに、

出雲国	一〇〇斤	太宰府	五千八〇〇斤

が納められていた。太宰府の量が多いのは、九州諸国から太宰府に集められたからである。

大宝令の税法によれば、紫草は紅花・茜とともに調副物として上納させた。これを郡役所に納め、運脚夫によって京《みやこ》に運ばれたのである。それらは次のような日数をもって運んだ。紫草の場合は次のようであった。

国名	陸路上り	陸路下り
遠江・出雲	十五日	八日
相模・甲斐	二十五日	十三日
武蔵	二十九日	十五日
常陸・上総・下総	三十日	十五日
下野	三十四日	十七日
太宰府	二十七日	十四日

このように上りと下りによって日数に差があるのは、上りは貢納品の荷があったからで、帰りはその荷が無いことから日数が短かくなっていた。しかし運脚夫のなかには帰途の食糧が無かったり、病にたおれる場合もあり、飢死、病死が多かった。孝謙天皇はこのことを不憫におもわれ、次のような詔書をお下しになった。

諸国庸調ノ脚夫、事畢《おわ》ツテ郷ニ帰ルニ路遠クシテ粮（糧）絶エ、又、行旅ノ病人ハ親シク恤《あわ》レミ、養フコト無ク飢死ヲ免レムト欲シテ口ヲ餬《こ》（粥）シテ生ヲ假《か》リ、並ニ途中ニ辛苦シテ遂ニ横斃ヲ致スト。朕、此ヲ念《おも》ヒテ深ク憫矜《あわれみ》ヲ増セリ。宜シク京国《みやこのくに》ノ官司ニ仰セテ粮食・医薬ヲ量給シ、勤メテ

検校ヲ加エテ本郷ニ達セシムベシ。若シ官人ノ怠緩ニシテ行ハザル者アラバ、違勅ノ罪ヲ科セン

検校《けんぎょう》とは、内外官の他司のことを摂するものをいう。

それでも病死、餓死が後を絶たなかった。そこで淳仁天皇は、重ねて、

三冬（冬季三ヵ月）ノ間ニ至リテ市辺ニ餓人多シト。其ノ由ヲ尋問フニ皆云フ、諸国ノ調脚夫郷ニ帰ルヲ得ズ、或ハ病ニ因リテ憂苦シ、或ハ粮無クシテ飢寒スト。朕窃カニ茲ニ念ヒテ、情ニ深ク矜《きょう》愍《びん》ス。宜シク国ノ大小ニ随ヒテ、公廨（公の役所）ヲ割出シテ以テ常平倉トナシ、時ノ貴賤ニ遂《したが》ヒテ糴糶《てきちょう》（穀物の売買）シテ利ヲ取リ、普ク還脚ノ飢苦ヲ救フベシ。

と仰せられて、全国の諸道に常平倉を設立させ、脚夫の飢に苦しむことのないようにされた。しかし、古代では他郷の者を穢《けがれ》として忌避していたので、長途の庸調の運般の役は、非常な苦役ではなかったろうか。

縫殿寮に見る紫染の使用量

『延喜式』縫殿寮雑染用度条によると紫草の使用量は次のようである（山崎青樹著『古代染色二千年の

謎とその秘訣』より）。

〔深紫染〕

類別	用布量	紫草	酢	灰	薪
深紫 綾	一疋	三十斤	二升	二石	三百六十斤
深紫 帛 綿紬。絲紬。東絁亦同。	一疋	三十斤	一升	一石八升	三百斤
深紫 羅	一疋	三十斤	一升	二石	三百斤
深紫絞紗	一疋	十五斤	三合	四斗六升	百二十斤
深紫 絲	一絇	十七斤	二合	二斗五升	六十斤
深紫貲布	一端	五十斤	一升	一石二斗	二百三十斤
葛 布	一端	二十三斤	二合	一斗七升	六十斤

〔浅紫染〕

類別	用布量	紫草	酢	灰	薪
浅紫 綾	一疋	五斤	二升	五斗	六十斤

浅紫　帛	一疋	五斤	一升五合	五斗	六十斤
浅紫　羅	一疋	五斤	一升五合	五斗	六十斤
浅紫絞紗	一疋	五斤	六合	一斗二升	六十斤
浅紫纐帛	一疋	五斤	一升	二斗五升	六十斤
浅紫　絲	一絇	五斤	三合	一斗	三十斤
浅紫貲布	一端	七斤	八合	一斗八升	六十斤
浅紫葛布	一端	七斤	六合	一斗五升	六十斤

〔深滅紫染〕

類別	用布量	紫草	酢	灰	薪
深滅紫　綾	一疋	八斤	一升	一石	百二十斤
深滅紫　帛	一疋	八斤	一升	一石	百二十斤
深滅紫　絲	一絇	八斤	二升	三斗	九十斤

滅紫《けしむらさき》というのは鼠がかった紫色をいう。

〔中滅紫染〕

類別	用布量	紫草	酢	灰	薪
中滅紫　綾	一疋	八斤	八合	八斗	九十斤
中滅紫　帛	一疋	八斤	七合	七斗	九十斤
中滅紫　絲	一絇	七斤	一合	一斗五升	二十斤

〔浅滅紫染〕

類別	用布量	紫草	酢	灰	薪
浅滅紫　絲	一絇	一斤	――	一升	三斤

深緋《ふかきあけ》は緋《あけ》の濃い色ではなく、紫味のある色であることが、次の用度によってわかる。

〔深緋染〕

類別	用布量	茜	紫草	米	灰	薪
深緋　綾	一疋	大四十斤	三〇斤	五升	三石	八百四十斤

深緋帛	一疋	大二十五斤	二三斤	四升	二石	六百斤
深緋　貲布	一端	大十五斤	一四斤	三升	一石五升	三百六十斤
深緋　葛布	一端	大七斤	七斤	八合	四斗	九十斤

蒲萄《えび》染は『令義解《りょうのぎげ》』の註に「紫色之最浅者也」とある。『延喜式』縫殿寮雑用度の条に次のようにある。

〔蒲萄染〕

類別	用布量	紫草	酢	灰	薪
蒲萄　綾	一疋	三斤	一合	四升	四十斤
蒲萄　帛	一疋	一斤	一合	二升	二十斤

冠位十二階の制

聖徳太子は推古天皇一一年（六〇三）に、中国の隋の制度にならって官位十二階を制定した。わが国最初の位階制度である。その後しだいに整備されたが、大宝令《りょう》になって親王四階、諸王十四階、諸臣三十階と定められた。初めは冠をもって位をあらわしたが、大宝以後は、位記（位を授けるとき本人に発行する証明書）で、諸神や僧尼に授ける位記もあった。

冠位十二階について、『日本書紀』に次のような条文がある。

十二月の戊辰《つちのえたつ》のついたち壬申《みずのえさる》に、始めて冠位を行う。大徳、小徳、大仁、小仁、大礼、小礼、大信、小信、大義、小義、大智、小智、あわせて十二階。ならびに、当色の絁をもって、これを縫えり。（巻二十二・推古十一年）

十二階の色彩については、紫・青・赤・黄・白・黒の六色である。

その後、大化三年（六四七）の七色十三階が定められ、位階に応じて服色まで制定された。

一　織冠、大小二階あり。（略）服色はみな深紫を用う。
二　繡冠、大小二階あり。（略）服色は織冠に同じ。
三　紫冠、大小二階あり。（略）服色は浅紫を用う。
四　錦冠、大小二階あり。（略）服色はみな真緋《あけ》を用う。
五　青冠、大小二階あり。（略）服色はみな紺《ふかきはなだ》を用う。
六　黒冠、大小二階あり。（略）服色はみな緑を用う。
七　建武、初位または立身という。（略）黒絹をもってなれり。

以上のように、紫色は最高の服色であった。朝服の改正はこの後も行なわれており、色相の順が変わったり、名称が追加されているが、紫が上位であることに変わりはなかった。ただ天武天皇一四年（六八五）のとき、朱華《はねず》（紅花染の色）が紫の上に位置したのである。紅花による色彩がはじめて史上に出現したのであった。浄御原《きよみはら》の令（六八九）によると、このときも朱華が最高位になっているが、その後の文武天皇の大宝元年（七〇一）に朝服の改正があり、親王四品以上諸王諸臣一位は黒紫。親王二位以下諸臣三位以上は赤紫と、また紫が上位であった。この服色は奈良時代にも変化することはなかった。

薬草園の紫草《むらさき》栽培

京都薬用植物園へ

初夏には紫草の花が咲く。花は下から咲きはじめ、順次伸びながら次々と花を咲かせるので、花の期間は長いのだが、私は花が咲きはじめると嬉しくなり、胸をふくらませ、わくわくしながら花を訪ねて各地に旅をする。今回は武田薬品工業株式会社の京都薬用植物園をお訪ねし、園長の渡辺斉さんにお逢いする予定である。

東京駅を午前六時発の「のぞみ」に乗り、京都着は八時十三分。「ひかり」の早さに驚かされたときもあったが、「のぞみ」は二時間十三分で京都に着くのである。スピード時代によって、京都が近くなったのだ。京都駅から地下鉄で「国際会館」駅で下車し、ここからタクシーに乗る。曼殊院前の「武田植物園」というと、運転手はうなずいた。

東京を出るときも雨であったが、京都も霧雨が降っていた。薬用植物園は私の想像していた植物園と

武田薬品工業株式会社京都薬用植物園

は違って、見事に手入れされた庭園であった。霧雨に洗われたように、園内の木々の青葉、若葉が冴えわたっていた。

園内を案内してくださる園長の渡辺さんは、

「あの山のむこうまで植物園なんです」

と、話してくれた。

植物園は約一〇万平方メートル（約三万坪）の広さである。

この京都薬用植物園は、昭和八年（一九三三）に薬用植物の栽培試験圃場として開設され、世界各地から薬用・有用植物を多数収集して、約二千四百種の植物が管理のもとに育てられている。

「ここは変化に富んだ自然地形の上に、気象条件にも恵まれていますから、いろいろな植物を栽培するのに適しているのです」

と、渡辺さんの話であったが、それでも寒冷地の植物には、強い日射しを遮るために日覆をし、地

紫草の栽培（京都薬用植物園にて）

同上

園長の渡辺斉さん

下には冷水を通す管を埋め込むという、注意深い管理がされているのであった。

紫草の栽培地に行った。草丈一メートルから一・二メートルくらいに育っていて、星のような白い花を咲かせていた。畝づくりに、並んで咲いている紫草は健康そうな葉の色、茎の太さである。

「ああ、ようやく紫草の花に逢えた」

と、私は心の中で呟くのだった。白い花は凛として可憐である。紫草の花を見ると、いつも懐かしい気持になり、心から嬉しくなるのだ。


薬用植物園内をゆっくりと歩く。歩きながらキイチゴの赤い実を見つけたり、ニッケイ（肉桂）の名札を見つけて、その大木を見上げたりしながら芝道を歩く。渡辺さんは足元を指さして、

「この芝には雑草一つないでしょう。五人の作業員たちの手で、ここまで綺麗になっているんです。よく手入れしてくれると感心しています」

という。ほんとうによく手入れされている芝の道である。

紫草は野生本来の遺伝形質を有する

この薬用植物園によく似合う建物が、迎賓資料館であった。イギリス風のモダンな建物で、渡辺さんは、

迎賓資料館

「この建物は百年も前のものです」といいながら、迎賓館の応接室に案内してくれた。建物は、栞《しおり》によると野口孫市氏（一八六九―一九一五）の設計により、明治四一年（一九〇八）、神戸市東灘区住吉本町に竣工した田辺貞吉氏（元住友本社理事）の住宅であった。阪神・淡路大震災で被害を受けたが、取り壊しを惜しむ声が強く、保存の方途が模索されているとき、武田薬品工業株式会社の前社長・武田国男氏は建物の歴史的価値を認めて、ここに移築再生したと記されていた。

玄関に小磯良平画伯の絵があった。私は小磯良平画伯に懐しい想い出がある。若い日、御影（神戸市）に住む知人を訪ねたとき、知人の家への道すがら武田長兵衛氏（当時武田薬品工業株式会社の社長）の家の前を通り、小磯良平画伯の家の前に出たとき、知人は「小磯先生はいらっしゃるかし

一年生の紫草（2008年5月31日，播種後約二ヵ月）

ら」といって、突然画伯のお宅をお訪ねしたのである。知人はご近所のお親しい間柄らしかったが、私には思いがけない出来ごとであり、緊張でいっぱいだった。その私を一人前に扱ってくださった優しい画伯のお顔が思い出されるのである。私は若い頃、人見知りをする女の子だった。いま、私は人と出会うことが非常に嬉しいのは、多くの心優しい人たちに巡り会ったことで培われてきたからかも知れない。

静かでゆったりとした雰囲気の迎賓館の応接室で、渡辺さんから紫草のお話を聞いた。

「紫草は、ここでは畝作りをしています。種子を播きますが発芽率は良いようです。その種子は、青味がかっているうちに採取したものは発芽率が良いのですが、この青味の種子がやがて完熟すると琺瑯《ほうろう》質のようになって白くなります。白くなった種子は、すぐ発芽するものもありますが、休眠する種子が出るんですね。三年ぐらい休眠します。紫草の栽培がむずかしいといわれるのは、人為的になかなか制御できない、野生本来の遺伝形質を備えている点にありますね」

「播種は三月初旬から中旬が適期で、プランター当り三〇〜五〇粒の種子を播き、一センチの厚さに覆土します。ただし、冷蔵庫の中に乾燥状態で保存しておいた種子は、播種の前に種子を湿らせた状態にして、冷蔵庫に二ヵ月間ほど置く必要があります。そのような「芽切り処理」した種子を播けば、二週間程度で発芽します」

「また、播種前にプランター当り、タチガレン粉剤を四〜八グラム、ビニフェート粉剤〇・五〜一・〇グラムを土全体に混和することによって、かなり高い病虫害防除効果が得られます。さらに、炭疽病の予防対策として、播種前に種子を軽く湿らせ、ベンレート水和剤を粉衣します」

私は今まで、播種する用土の選び方も大切なのだと聞いていたので、この点について伺った。

「土は特に選びませんが、粘土質は嫌いますね。これは停滞水を嫌うためで、紫草栽培には、排水の良いことが不可欠の条件でしょう。また紫草はアルカリ性を好むので市販のバーライトを一割くらい、または草木灰を適量混入すると良いでしょう。いずれにしても連作を嫌いますから、土は一作ごとに更新します」

害虫と病気に耐えて

「それで、根を掘り出すのは二年目ですか」

と私。

「ところが、植物の生育と色素生産の間には、やや反比例する傾向が見られます。そのため、これまで一般的に知られている栽培方法では、二年生時にもっとも生育旺盛となりますが、肥料をできる限り控えめにすることがポイントです。そこで肥料としては、アジサイの花を赤くする専用肥料を用います。分量としては規定の半分量を施します。この間、生育の様子を見て、葉の緑色が薄くなってきたら、追肥として「ハイポネックス」の一〇〇〇倍液を施すとよいでしょう」

と、渡辺さん。栽培中の管理も手が抜けないようである。

「そうですね。植物の状態をよく把握することが大事でしょうね」

「発芽後、草丈が二～三センチぐらいのとき間引きして、株間を六～八センチの千鳥状にします。発芽後、葉裏面に土が付着するのを防ぐために敷き藁をします。また、高温やアブラムシによるウイルス病を防ぐため、夏には銀白色の寒冷紗を使って五〇パーセント程度の遮光が効果的です」

播種したあと、鳥に食べられるという鳥害があると聞きましたが、と私。

「鳥害はあまりありませんね。むしろ虫害です。発芽直後に、キスジノミハムシ被害がもっとも大きいです。成虫は体長二ミリ程度の小甲虫で、羽に鮮明な黄白縦紋があって、そのほかはだいたい黒色で

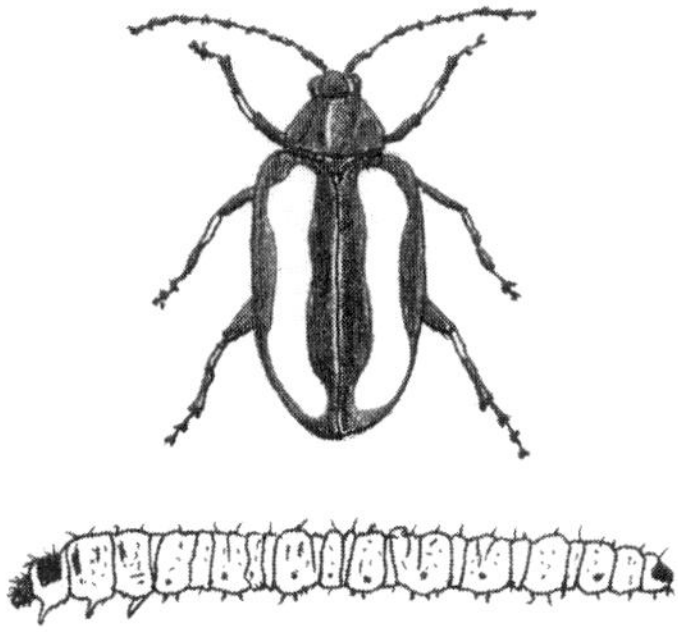

キスジノミハムシ（鞘翅目ハムシ科）

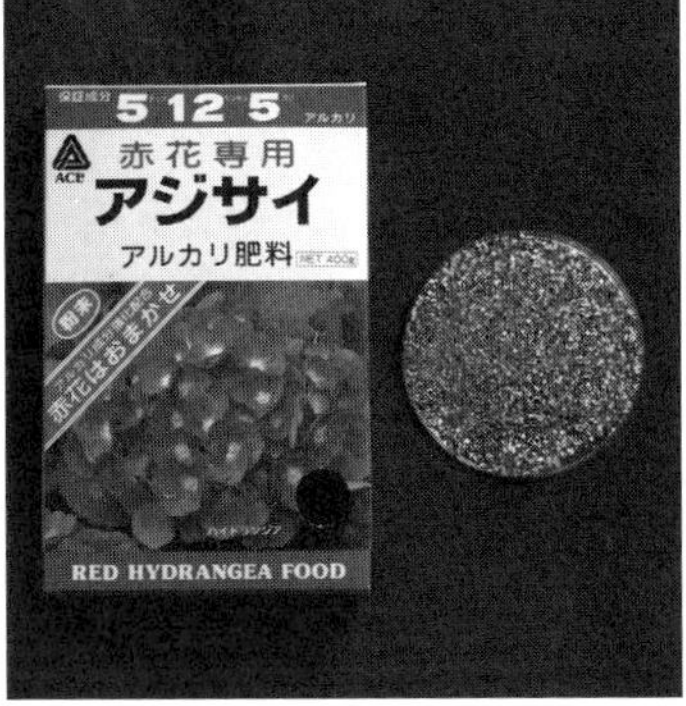

アジサイの花を赤くする肥料

す。後脚が発達しているので、蚤《のみ》のようにピョンピョン跳ねまわります。この虫は年に五〜六回の世代交替を繰り返して、成虫は葉を食害して小さな穴をあけ、幼虫は地下で根を齧《かじ》ります。ですから、発芽したらオルトラン粒剤か、ジメートエート粒剤一摑《ひとつか》みを土壌の表面に散布しておくと効果的です」

ウイルスに感染すると、焼却処分するしか方法がないと聞いていた。紫草にとっては、やはり恐ろしい病気なのであろう。

「そうですね。ウイルスの種類は多く、伝染する方法もさまざまですから、こうすれば良いという防ぎ方はありませんね。被害株を見つけ次第焼却するのが一番です」

「害虫類は、ごく小さな昆虫で、葉の裏にいるので見つけにくいのですが、五月から六月ごろに盛んに発生しますから、この間に三週間に一回程度、定期的に殺虫剤を散布します。また、これらの害虫は銀色やアルミの反射光を嫌うことがわかってきましたので、市販されている地面を覆うマルチフィルムを使うとよいでしょう」

私たちは、紫草を栽培する目的として、薬用や染料に根を使う。根には紫色素としてシコニンやその誘導体であるアセチルシコニンが含まれているからで、当然のことながら含有量が多いほど有用なのである。では、含有量の多い紫根を採集するにはどうしたらよいのだろう。含有量の多い紫根を得ることが私たちの願いなのだが。

「そうです。でも、色素の生産という観点からすると、生育旺盛な二年目では、一年生時より根がむしろ白くなってしまうことが多いのです。それでは、その点をどう解決するかという点が重要な課題になりますね。ですから紫草の好む土壌のＰＨ《ペーハー》をアルカリに導くという方法があります。もう一つは、色素量を多くするために、四年間健全な状態に保つようにするという点です。根腐れ症状は土壌の排水をよくすることで、大部分を回避することができますが、ウイルス感染を完全に予防することは、栽培規模が大きくなるほど至難の業《わざ》ですね。そうしたことをクリアしていくことが、わたしどもの仕事です」

窓の外を見ると、雨が上がったようで薄日が射してきた。

頃合いを見て、紅茶が運ばれてきた。おいしい紅茶をゆっくりといただいた。その間、渡辺さんは沢山の資料を持って来て、見せてくれる。硬紫根、軟紫根、藍で染めた布は、椿の葉の灰を使って媒染したという。美しく深い藍色をしていた。そのほかに、さまざまな色に染めた糸の束。すべて植物から得るもので、どれを見ても私にとっては感銘が深い。

すると、渡辺さんは静かな口調でいった。

「わたしは、発想を転換してみてはどうか、と思うことがあります」

静かだが、次にとても大切な言葉が続きそうで、私は耳をそばだてた。渡辺さんの言葉は、さらに静

紫根

草木染の糸

かに続いた。

「紫草に虫害がないようにと気を配り、水はけのよい土地で栽培し、充分な有効成分を含有してくれるように肥料を与えます。それは人間の希望を満たすためなんです。そこを転換して、紫草は、なぜ、根に紫の色素を含むシコニンやアセチルシコニンを鎧のように纏《まと》っているのか。紫草が野生として一千年以上生き続けてきた生命力はどこにあるのか。人間が良かれと思って手を尽くすことが、紫草にとってほんとうに良いことなのか。紫草の身になって考えてみたいような気がしているのです」

謙虚で、感慨無量の話で、私の胸は熱くなった。そして、このような人に管理してもらっている紫草は幸せだとおもった。

霧雨が静かに降り出した。このような雨も、植物にとって恵みの雨になったり、余分な水分になったりするだろう。ものいわぬ植物の心を心として、この薬用植物園の植物たちは、管理されるなかで充分に応えていくのではないだろうか。

紫草が生き続けてきた知恵

私は今まで栽培がむずかしいという点で、紫草は非常にわがままに育つ植物だと思っていたが、渡辺さんのお話を聞くうちに、植物にとってもっとも大切な、子孫保存を第一に考えていることがわかってきた。

「紫草の種子は、完熟しても自然に弾《はじ》け出るわけではないんですね。わたしたちが種子を採取するときは、扱《しご》くようにして取ります」

「種子は地上部の茎が枯れるまで付き、枯れた茎と共に地に落ちる。その種子は全体の三分の一が休眠します。一年休眠するものもあれば、三年休眠するものもあります」

ということは、一斉に地に落ち、一斉に発芽した場合、もし万一何かあったら全滅である。それを防ぐために波状的に生育するのだ。生き残るための不思議な知恵を身につけたものだと感じ、紫草をわがままと感じたことを恥じるのだった。

紫草の自生地を地道に調査する人たち

渡辺さんが参考にとコピーをしてくれた書類の中に、『日本植物園協会誌』（No.10、No.11）があった。No.10は「自生ムラサキの分布について」であり、No.11は「ムラサキの生育調査」である。これらの調査報告によると、自生地は三重県伊賀町、福知山市、綾部市（以上京都府）で発見され、生育を観察しているのであった。（自生地を明らかにしないのは、心ない人によって紫草が荒されないためである。）

三重県伊賀町の紫草の自生地

鈴鹿山系の西麓に位置し、石灰岩の崩壊した礫が多く、土壌はやせている。周辺はヒノキが植林されている北西面の傾斜地。この地で昭和四十八年（一九七三）から三年にわたって調査したのは四月中旬頃という。昭和五十年（一九七五）四月二十三日に調査した時は、二、三株が萌芽し、草丈は五センチメートルになっていた。それから一ヵ月後には草丈二二〜七八センチに伸長し、開花していたという。

京都府福知山市

由良川の東岸の丘陵地で、アカマツ、ヒノキ、ホオノキなどの雑木林内の北面の地。ここでは四月中旬に萌芽し、五月三十一日には花が見られた。したがって萌芽後三十〜四十日で地上部は急速に生育し、花芽が分化して開花に至るのであった。さらに一ヵ月後に花は終期となって、結実が目立ち始める。紫

自生地の紫草（京都府綾部市）

草の草丈は六月末頃が最高で、それ以上は伸びない。

京都府綾部市

市の中心地から東北に五キロメートル地点の山中、ここの自生地は、蛇紋岩の礫がところどころに露呈しているやせ地で、アカマツ、ネムノキ、ソヨゴなどが見られる。表土も浅く、周囲の植物の生育が充分でないにもかかわらず、他の自生地（伊賀町、福知山市）より草丈は高く、平均九九・三センチを示しており、紫草の生育のよいことがわかる。この地の調査の紫草の年次は二年生株で、草丈一四六センチメートルを示す株も見られ、研究調査の発表によると、「紫草の栽培化研究に好資料が得られるものと期待される」と、記されていた。

紫草の株の生存

伊賀町の自生地の調査報告によれば、

自生地に二メートル四方の区画を十ヵ所設け、そのうち五ヵ所については地表に直接太陽が当たるように除草し、残りの五ヵ所は自然のまま放置して、株の生存状況について調査した。

ということである。区画内に生育する紫草の株数を、前年春に調査し、その翌年、萌芽数を調べたところ、株数の減少した区画は三ヵ所。増加した区画が一ヵ所。その他の区画は前年と変らなかった。また、枯死した株は調査の全数からみると比較的少なく、六十六株中三株で、紫草が急激に減少する傾向はみられなかった。

福知山市では、自生地で枯死株はなく、かえって実生数の増加がみられた。この点について調査報告書は、次のように記している。

処を得れば紫草は比較的丈夫で、特に減少することはないと推定された。

しかし福知山市の場合は、雑木林をヒノキの植林にするため雑木を伐採したところ、紫草が減少することがあり、したがって大きな環境の変化があると紫草は減少することがあるとしている。

紫草自生地の気象条件と標高

地　名	最高温度（年平均）	最低温度（年平均）	降雨量	標　高
三重県伊賀町	19.1℃	8.3℃	1553mm	約350m
京都府福知山市	19.8℃	9.6℃	1740mm	約60m
京都府綾部市	20.0℃	9.7℃	1694mm	約100m

＊降雨量は昭和45年〜49年の5ヵ年の平均
（研究発表の記録より作成）

自生地周辺の植生

自生地周辺の植生に目をむけた調査結果として、三重県や京都府下の自生地周辺の植物の種類は木本八十五種、草本八十二種、シダ植物七種と報告されている。特にススキ、タチツボスミレ、ヒヨドリバナ、オニドコロ、ヤマノイモ、ヨモギ、イナカギク、ケチヂミザサなどが共通していたという。近畿地方以外の自生地でも紫草はススキと共に生育している地が多く、また、植生から紫草はオケラ（キク科）と共生している場合が多いという。オケラは乾燥地帯の中で生育するので、紫草がオケラと共生している点からすると、紫草は比較的乾燥に耐え得る植物と考えられ、調査書もこの点について、次のように推定しているのであった。

日照条件、土壌水分が栽培上の大きなポイントになる

このような地道な研究・調査によって、紫草が丈夫に大自然のなかで生育することを願うのは私一人ではないであろう。

武蔵丘陵森林公園の紫草《むらさき》

紫草の保存のために

国営武蔵丘陵森林公園・都市緑化植物園では、武蔵野にゆかりの深い植物である紫草を保存するために、昭和六十年（一九八五）から栽培を開始したと聞いていた。

それから五年後の平成二年（一九九〇）には、「国際花と緑の博覧会」に紫草を展示できるまでになった。紫草の栽培はむずかしいといわれていて、栽培の教科書としては中国六世紀の農学書『斉民要術』と、日本では江戸時代後期に大蔵永常が書いた『広益国産考』（巻三・紫草）が知られている。

大蔵永常は明和五年（一七六八）に豊後国日田（現・大分県日田市）に生まれた。日田は天領であり、北九州における商業の中心地の一つであった。

永常の祖父は綿栽培農家だが、「綿屋」の屋号をもっていることから、綿の栽培ばかりでなく、その販売、加工まで行なっていたと考えられる。しかし祖父が亡くなってからは、永常と父は晒臘工場に働きにいったらしい。

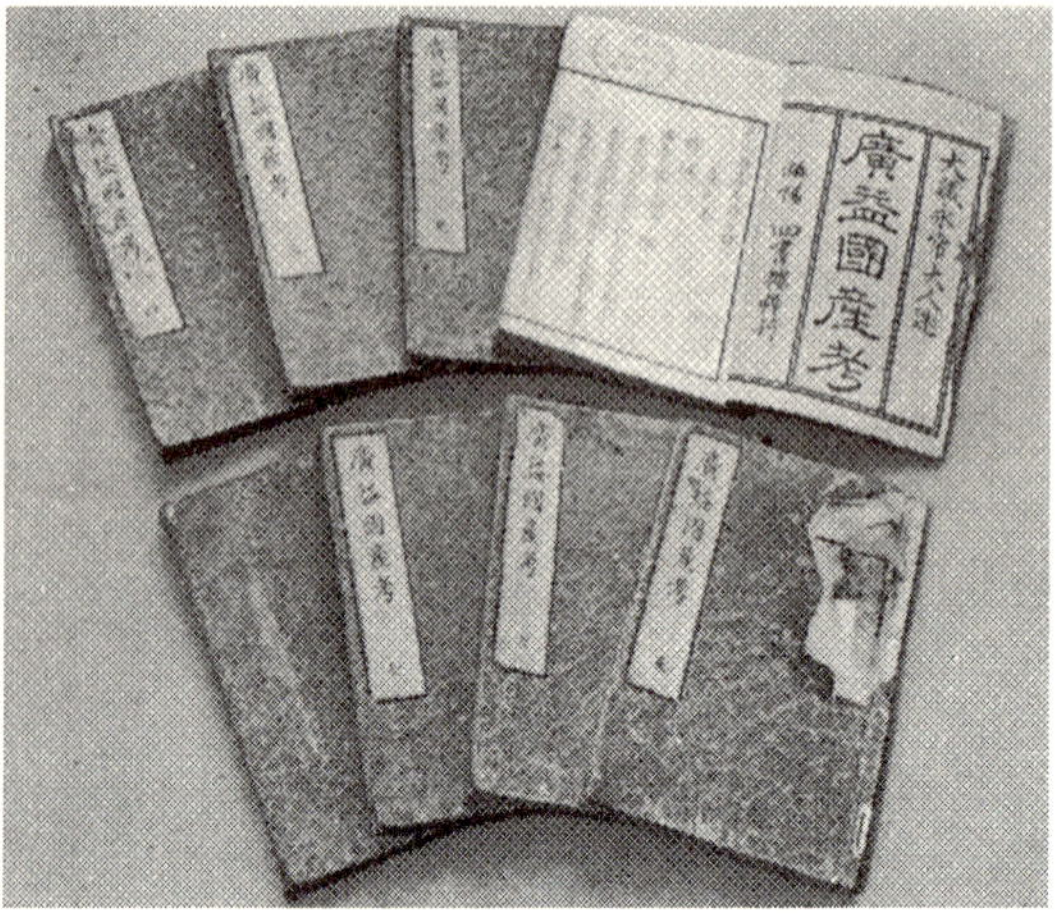

『広益国産考』全8巻（安政6年初版、京都大学経済学部蔵）

永常は二十歳代で故郷を出て九州各地で働きながら製糖、製紙、琉球藺《い》栽培などの技術を習得する。二十九歳のときに大坂に出て、畿内各地の農村を歩き、商業化された農業の姿を見ることになる。

文政八年（一八二五）に大坂から江戸へ居を移し、農学者としての生活に専念し、多くの農書を刊行した。六十七歳のとき、三河田原藩に招かれて興産方に任命されることになった。推薦者は同藩の江戸詰家老・渡辺崋山である。永常の身分は六人扶持の軽いものであったが、永常としては、少年の頃から望んでいた農業指導による殖産政策を現実のものとするよい機会でもあった。

ところが天保十年（一八三九）五月に崋山が、蛮社の獄（江戸幕府が洋学者に加えた弾圧事件）によって江戸町奉行所に召喚、投獄され、国許蟄居を命ぜられると、永常も解雇された。腰を落着け、著作に励もうというときで、永常はどれほど落胆し、無念だったか。

永常の永年の夢は農家を富ませることで、そのための著

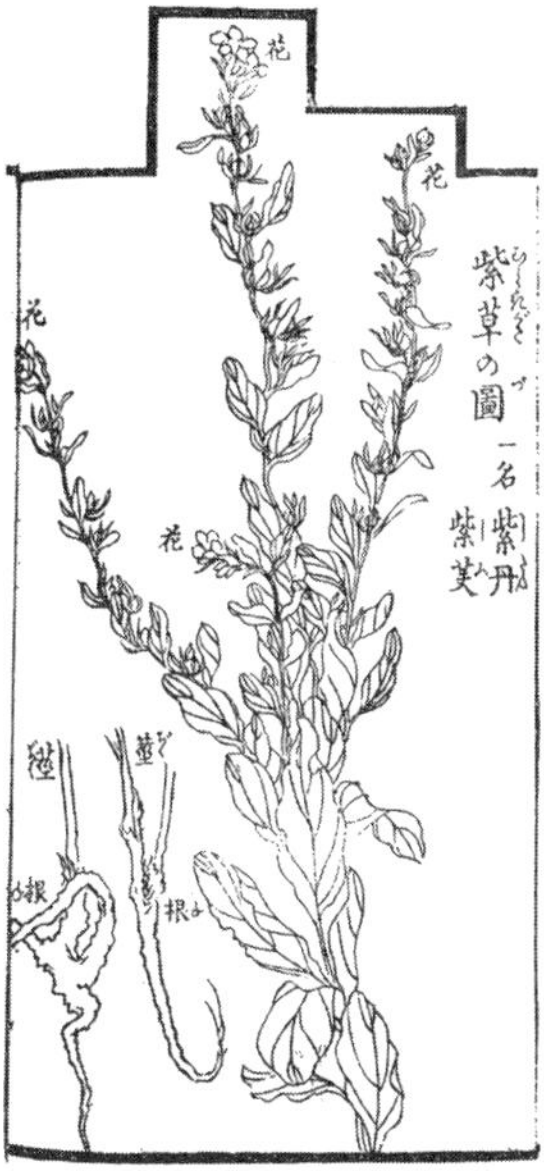

右／紫草の図

左上／種を播く図

左中／小溝を引いて水ごえをかくる図／穴肥する図

左下／折りわけたる茎を筵に入れて種子をたたき落とす図／根を筵に入れて干す図／紫草の根と茎とを折りわけている図

（以上『広益国産考』より）

作の発表なのである。その執筆の姿勢は、特定の地だけに通用するのではなく、全国的視野から見たものであり、農業をやったことのない者でも、また、農具を見たことのない者でも、永常の本を読めば農業ができるようにと、ていねいに書いていることであった。

しかも永常の農学の思想は、

「一国を豊かにするには、まず下々《しもじも》の人々の生活を豊かにし、その結果として領主の利益になるように計画すべきである」

とし、これが『広益国産考』の執筆刊行の目的であった。『広益国産考』八巻が刊行されたのは安政六年（一八五九）。永常が生存していたら九十二歳である。江戸末期の偉大な農業ジャーナリストであった大蔵永常だが、その没年はわからない。

大蔵永常は紫草の栽培について、『本草綱目』（本草学の研究書。明の李時珍の著。一五九〇年刊）に対して「形状の説明はあるが、わが国の種とは違うので、わが国で作る紫草の形や性質を書き、自分で植えて試み、作り方を述べる」と記している。永常は、紫草を栽培すれば、普通の作物以上のものが得られ、国の特産物ともなり得る作物であろうと記しているのであった。

しかし、やがて紫色の合成染料が開発されると、天然染料の「紫草」は衰退していく。

私は財団法人公園緑地管理財団、武蔵管理センター、都市緑化植物園で、紫草やその他の植物について研究調査をしている永留真雄さんをお訪ねした。

永留真雄さん

永留さんは栽培している紫草の鉢を手にしていった。

「現在、ここで栽培されている紫草は、野生株からの増殖固体であるため、一般的な栽培作物と異なり、発芽や生育が不揃いです。種子の休眠も深いんですね。また、少なくとも栽培環境下では、紫草の寿命は短いのです。通常で三、四年、条件が良ければ七、八年です。紫草は二年目がもっとも勢いが良く、細根も多くて、紫根の利用にも最適です」

とのことであった。

紫草を観賞用として少量栽培する場合は、鉢栽培が適しているが、大量に収穫したいときは露地栽培がよいそうだ。

播種方法

播種にはとりまきと、翌年の三月までに播く場合がある。強い寒さにあてることによって、種子の休眠が打破されるといわれている。

とりまき

種子が熟し、茎が枯れはじめるころの十月から十一月に種子を採取して播く。野外で越冬させるので、土が乾燥しないように注意する。

春播き

前年の秋に完熟した種子を採取し、一月から三月までに播種する。この場合、だいたい三月末までに発芽する。

春播きでは、採種してから翌年の春までの種子の管理がむずかしい。管理のポイントは、種子の三〜五倍量の湿った砂に混ぜ、容器に入れて蓋をして冷凍庫で貯蔵する。冷蔵庫で保存すると、常温保存より発芽が悪い。そのうえ庫内で発芽する可能性もあるとのことであった。

いずれにしても、播種後は鳥による食害や、乾燥を防ぐために藁などで覆うとよい。

栽培中の管理

紫草を露地植えした場合の注意としては、梅雨どきの多雨多湿で、根腐れを起こすことがあるという。

永留さんは、

「そのために畝を高くして水放《みずはけ》を良くするとか、またはビニールの屋根を掛けて雨水を避ける、とい

寒冷紗を張った中で紫草を栽培する

うような注意が必要でしょう」と、話してくれた。

また、肥料を施すことも必要だが、肥料を施すことによって、地上の茎や葉などの成長は早くなるが、二年目の生存率や、根の品質が低下することもあり、施肥を控えるほうが良い場合もあるという。やはり、なかなかむずかしい植物であるようだ。

「注意するのは夏です。夏期には根元の高温を防ぐために、敷き藁を施すこともありますよ。また、冷涼地以外では高温や強光障害を防ぐために、銀色の寒冷紗を張るなどの対策も必要です。この寒冷紗はアブラムシ対策としても有効です」と、永留さんはいっていた。

病虫害の防除

害虫はアブラムシで、ウイルス病を伝播したり、その排泄物や死骸がすす病の発生源となる。

「オルトラン粒剤で防除します。また、ウイルスに感染した株は、なるべく早く焼却処分します。キスジノミハムシの幼虫は地下で根を食害します。その成虫は発芽後の枝葉を食害するんですよ。梅雨時には萎凋《いちょう》病などが発生しやすく、立ち枯れも多いために定期的に殺菌剤を散布します。ところが、紫草は薬害が出やすいので、薬剤は通常より希釈して使用する、ということも大事です」

と、永留さんの話であった。

紫根の収穫

根を収穫するには、二年目のものが良いとされている。十月頃に地上部の茎が枯れたころ、根を掘り出して風通しの良い場所で陰干しする。根の表面のナフトキノン誘導体は水溶性なので、収穫の際には水洗いせず、手で土などを取り除く。色素は収穫すると空気中で徐々に昇華するので、収穫後はよく乾燥させ、段ボールなどの箱に入れて冷暗所で保管する。しかし、カビが生じやすいので、湿度管理には特に注意が必要とのことであった。

ちなみに、乾燥根の収穫量は一〇アール当り、一年生で八〇〜一〇〇キログラム。二年生で一〇〇〜一八〇キログラム。三年生では二二〇〜二五〇キログラムであるそうだ。

紫草の白い花

自生の紫草を計測している様子

紫草の白い花に誘われるように森林公園を訪ね、気品ある花を見た。このあたりは武蔵野で、かつては沢山の紫草が咲き誇っていたであろうと想像するのだった。

この森林公園の広さは三〇四ヘクタール（約九十万坪）と広大で、自生及び植栽している植物の種類は六百十五種だそうである。この恵まれた地で、紫草が増加してくれることを願うのだった。

たった一人で紫草《むらさき》を栽培し続ける人

東京の西、檜原村《ひのはらむら》へ

東京都の西、檜原村は西多摩郡にあり、島嶼部を除くと東京都内でただ一つの村である。周囲は急峻な山に囲まれていて、総面積の九三パーセントを森林が占めている。その檜原村でただ一人、紫草を栽培し続けている幡野政義さんから手紙が届いた。その手紙は紫草の開花を知らせるものであった。

長いことお待たせいたしました。待望のむらさきが咲き始めました。遠く、しかも不便なこの村までお出掛け頂くには、あまりにも粗末なもののように思えて恐縮しております。おいで頂ける日時を、お知らせいただけますと幸いです。

この手紙は、五月中旬を過ぎるころから紫草の花の咲くのが待ち遠しく、私は幡野さんにたびたび電話をしていたことへの返事である。手紙の発信日は五月二十七日であった。

今年は梅雨入りが早く、五月末は雨の日が続き、また、私のスケジュールと合わず、ようやく檜原村を訪ねようと思った日は六月十一日だった。しかしこの日の天気予報では雨模様だったので、迷った揚句、幡野さんに連絡をすると、

「一日遅くなると、花はどんどん上に伸びます」

と、いうことだった。その言葉は、「紫草の一番いいときに見てもらいたい」という、幡野さんの悲鳴のようにも聞こえ、雨が降っても出掛けようと私は心に決めた。そして、そのことは檜原村の幡野さんのお宅で紫草の花と対面したとき、幡野さんの心がわかるだろうと思ったのである。

幡野さん（大正十一年生）が紫草を栽培しはじめたのは約三十五年以上も前のことであった。幡野さんは家の裏山を指して、

「この上の浅間《せんげん》尾根（標高一二五〇メートル）というところに、見なれない花がぽつんと一本あったんですよ。それで、この辺のことに詳しい人に尋ねたら、〝それは紫草という珍しい植物ですよ〟と教えられたんですね。紫色を染める貴重な草だと知って、その周辺を探しましたけど、そのときはその一本だけ。それで大事にして種子を採って、栽培し始めたんです」

私と幡野さんとは、電話や手紙では何回もやり取りしているが、逢うのは初めてであった。が、実直で穏やかな人柄が伝わってくる。

紫草は檜原村に生まれ育った幡野さんでも、それまで見たことのない植物だったのだ。

山々が重なる檜原村

「そうね。紫草は山の上の檜《ひのき》の間に、これまで見たことのない花が咲いていたので、驚きましたね。しかも貴重な植物だっていうでしょう。それで種子を採って、植え続けて、とうとう三十五年以上ですものね。わたしが栽培しているこの紫草は、純粋にこの土地生まれですからね。日本の源流のものと考えています。それでどうしても絶やしたくないと続けているんです」

幡野さんの奥さんが、お茶を私にすすめながらいった。

「久下先生も、何十年か前に紫草を見に家に来てくれました。紫草の縁で、いろいろな人が家に来ます」と。

久下先生というのは、本書と同じ法政大学出版局の〈ものと人間の文化史〉シリーズの第4巻で『化粧』をお書きになった久下司氏である。

久下氏（明治三十四年生）は、大正十年（一九二一）四月に、西多摩郡檜原村小学校の教員を志願して赴任している。「植物が豊富に在るのが魅力」であったからという。同氏の著書『萬葉集莫囂圓隣歌《ばくごうえんりんか》の試讀《しどく》と紫草《むらさき》の研究』（私家版）に次の一文がある。少々長いが次に引用する。

憧れの紫草は村の山々の諸所の茅原の中に生えていた。就任してから私は書道と国文学を志し、これに専心することになった。その為、紫草は一層大切な研究植物となった。（中略）檜原村は西多摩郡の三分の一を占める大村である。その頃、大岳山を初め、諸方の山々には紫草は幾らでもあった。大岳山の外、村内の山々はすべて秩父山系に属し、埼玉県歌の「紫草匂う武蔵野の　青垣なせる秩父山」の一部である。

武蔵国は延喜式時代には、我が国屈指の紫根貢納国であった。紫草は大陸伝来の植物で、奈良から平安時代にかけては、秩父諸山の中腹及び山麓丘陵の草原地帯に於いて、韓国の帰化人〔原文のママ〕を中心とした農山村民によって開拓され、焼畑式の農耕法を以って栽培されていた。檜原村の山々に多い紫草は、その零《こぼ》れ種《たね》の残種であった。

久下氏は、大正時代に檜原村の小学校に赴任して以来、庭の片隅に紫草を絶やすことなく栽培していたそうである。

また、幡野さんの栽培している紫草も、山々に自生していた紫草の零れ種だったのである。久下氏のいう、「大岳山を初め、諸方の山々には紫草は幾らでもあった」の大岳山（標高一二六七メートル）への登山口は、幡野さんの家の前である。頂上までは二時間かかるそうだ。見上げても植林された檜が大きく育っていて、登山道は見えない。が、目の前の山の斜面の一部の檜が、根を無惨にさらして倒れているのは、今年の早春の暴風雨による被害だということであった。幡野さんは、

「暴風雨のときは、この道は川のようになったですよ。あの大木がわたしの家に流れ落ちてきたら、わたしの家も危なかったです」

といった。静かな山合いの地で見た自然の猛威と、紫草の楚々とした姿を重ね合わせると、三十数年前まで、よくぞ紫草がたった一本でもこの地に生き続けてくれていたと、感激してしまった。

玄関脇に草花がいっぱい

紫草を慈しむように、花と対話する幡野さん

直径７～８ミリの小さな花が微笑む

紫草は多年草で、多くは山の傾斜地に自生する。が、傾斜地で自生を続けるのはむずかしいらしい。風雨で上から石塊が落下して、茎や根が痛められる。するとそこから腐って枯れてしまうのだ。雨で表土が流れれば、種子の多くは下の谷間に流される。流失せずに発芽しても害虫にやられることが多い。

紫草栽培のポイント

紫草の栽培はむずかしい、と、私は各地で聞いていた。それだけに、たった一本の紫草を絶やさずに栽培してきた幡野さんの苦心談が聞きたかった。

「栽培なんて大げさなものではないですよ。幸いなことに、わたしは草花をいじるのが好きだった。ものを育てるのが好きでしたよ。畑をいじって、種子を落として、何日かすると芽が出るでしょう。嬉しいんですよ、それが。だから「頑張るべー」とおもうんです」といって、幡野さんは、「この辺の人は、みんなべーを付けるんですよ」と笑った。

実は私は、今年の早春、幡野さんから紫草の種子を送ってもらっていた。種子に同封して植え方の注意が記されていた。参考になるので、次に紹介する。

蒔き方については、土地植えの場合は深さ五、六ミリぐらいに蒔き付けてください。

土地植え（右）と鉢植え（左）

鉢植えの場合は、五、六号の深鉢に細かい赤玉土七割、細かい腐葉土を三割程度混ぜ合わせて、深さ一センチ程に二、三粒蒔き付けてください。

いま蒔くと三月末頃には芽が出ると思います。芽が出ましたら油粕程度の弱い肥料を時々与えてください。

水は表面が乾いたら与えることとして、自然草ですから、至極自然に見守って育てて下さい。

観賞用の草花と違って、表向きはあまり見事なものではありませんが、根は赤紫と綺麗です。絶滅の危機を心配されるなかで、紫草に興味をお持ちいただけて、大変うれしく思って居ります。

成功をお祈りいたします。

幡野さんの誠実な人柄と、紫草に対する愛情が伝わってくる。私は書かれていた通りに鉢に植えたが、芽は出なかった。その種子の一部を、井之頭自然公園の管理所長に渡していたのである。所長は、「紫草の栽培はむずかしいと聞いているから、できるかなあ」といっていたのを、「育ててみないとわからないですから」といって、私は所長に送ったのであった。嬉しそうな所長の声が、受話機から聞こえてきた。

私の家の分は育たなかったが、井之頭自然公園では「きっと育っている」と、私は確信し続けていた。六月になって、幡野さんから紫草の花が咲いたと聞いたとき、井之頭自然公園に電話をした。

「それがね、育たなかったんです。注意深く鉢植えしたんですが」

所長の声は沈んでいた。私はがっくりして言葉が出なかった。体じゅうに寂しさがひろがった。私の家で種子から芽が出なかったのは、水遣りが少なかったのではないか、と反省している。

やはり紫草の栽培はむずかしい。種子から二葉が出て育ったとしても、害虫にやられることが多い。殊にテントウ虫によく似たマルバウンカが、アブラムシと共に葉を食害する。また、蟻が群がってその根に集まって穴を明け、アブラムシを移す。さらに地上の茎や葉にもこの虫を移し、軟らかい根や茎、葉を食害する。幡野さんは、にこにこしながら私にいった。

「紫草は根を生《なま》で齧《かじ》ると甘いんですよ。根が甘いから蟻が付くんですね。ですから蟻が近づかないようにします。薬品は「アリーセーフ」です。肥料は「ハイボラネス」を使ってます」

幡野さんは戸外の棚から薬品を出してきて見せてくれた。

『万葉集』にも数多く紫草は詠まれている。日本全国、北海道から九州まで自生していた紫草だが、いまは絶滅の危機に瀕している。土地が開発されて宅地になったり、大気汚染などの環境の変化が絶滅に追い込んだのであった。幡野さんはいった。

「この檜原の山奥まで大気汚染は考えられませんしね。紫草が、その後一本も見つかっていないのが不思議です。三十五年前にわたしが見つけた浅間尾根は、檜が大きく育ち、枝打ちもままならずで日当りが悪くなって、紫草は成長できなくなったこともあるでしょうね」

幡野さんは、一本の紫草を手にして以来、紫草を絶やさないようにと気を配りながら、今でも山に登り、自生の紫草を探しているという。山の中ならどこでもいいというわけではないらしい。紫草の適する地は、山腹にひらけた草原の中である。半日は太陽の光が射し、ススキが繁り、チガヤ、ワレモコウ、オミナエシ、ハギや、まだ背が高くならない楢《なら》、櫟《くぬぎ》、栗、柏などの落葉樹が雑《まざ》って茂っているところという。しかし、三十数年以来、まだ紫草を見付けてはいないのであった。

紫草の種子は「小さなパール」

花が終った紫草は、やがて種子を付ける。一つの花から生まれる種子は二粒から三粒。それで一本の紫草から五〇粒ぐらいが取れる。そのうち三分の一くらいが命を受け継ぐ。

「紫の花は小さく、匂いがないので蝶も昆虫も近づかないいんですよ。それで交配しないいんですね。外見は種子であっても、中は空《から》です。それで種子を採取して水の中に入れて、沈んだ種子だけを来年蒔きます」

紫草の種子は胡麻粒のように小さく、緑色から、やがて琺瑯質《ほうろう》のような灰白色に変る。その小さな種子を幡野さんは「小さなパール」と呼ぶ。幡野さんが紫草を慈しむ心が伝わってきて、胸がふるえるほど感動した。

帰り際に、丹精して育てた紫草の一鉢を持って帰って、といわれた。が、幡野さんの「育ての心」をおもうと、「有難くいただきます」と簡単にいえなくてお断りしたが、「どうしても持って行ってください」といわれて、ついに頂いたのである。

檜原村からわが家に嫁入りしてきた紫草

その鉢はわが家にある。「葉に元気がなくなったら、水を少し与えてください」といわれていたので、朝に夕に紫草を見る。もちろん在宅のときは昼も見る。この紫草を枯らすようなことがあっては、幡野さんに面目ない。なにより紫草が可哀想だ。

あの空気清浄な山の中で育った紫草が、都心の私の家で、どのような想いでいるのかと思うと胸が痛い。葉に元気がなくなると、「ああ、やっぱり山の空気が恋しいのだろう」と私は思い、紫草の鉢を前にして「元気を出して！」と声を掛ける。

紫草はわが家にきて、そろそろ一ヵ月になる。花は葉の包葉から出て、白い花を咲かせている。が、花が最も元気で美しく見えるのは、咲き始めの頃のように思える。以前、幡野さんが、「早く来ないと、花は一日一日どんどん伸びます」といっていた言葉が思い出される。五ミリほどの小さな白い花だが、紫草にもやはり「花どき」があったのである。

そういえば幡野さんの畑地に紫草が植えてあった。ようやく五センチほどに伸びた一年生である。「九月頃には咲くでしょう」といっていた。私はまた九月に紫草の白い花に逢いたいと考えている。

華岡青洲創出の紫雲膏と薬玉《くすだま》

紫色の薬・弟切草

以前、東北地方に紫草をたずねて歩いたとき、古老の方から紫草についてお話をうかがったことがあった。

「このあたりには、まだ紫草がありましたよ。それでも山の中に行かなければなりませんでしたね。その場所は、その人その人が大切にしている場所だから、〝誰かの所だ〟とわかると、手を出しませんでした。それが秘密の場所といわれる所だったんです。その頃、子どもの小遣い稼ぎに、紫根を取りに行くこともありましたよ」

「もう昔の話ですけど、虫に刺されたり、転んで瘤をつくった子なんかが、紫色の薬を塗ってましたね。それが紫草だったかどうか……。この地方では、弟切草《おとぎりそう》を薬草として使ってました。「染こ草」ともいっていましたよ。そこら辺にいくらでも生えてるの。葉を揉んで肌に塗るんですよ。そうすると紫色になるんです。大人は肩凝りに効くといって、焼酎に浸けて飲んでました」

ムラサキ（右）とオトギリソウ（左）（『牧野新日本植物圖鑑』より）

弟切草（オトギリソウ科）を『牧野新日本植物圖鑑』で調べると、次のようにあった。

山野に生える多年生草本で、茎や葉を民間薬として用いる。弟切草の名称は、兄が秘密にしていた鷹の傷薬を、その弟が他人に洩らしたのを怒った兄に切り殺された、という平安時代の伝説から付けられた。

鷹の傷薬として、この野草が使われていたのだろう。だが、なんとも痛ましく、悲しい名を持つ草である。

このあと、

「紫草から作った紫雲膏を知ってますか？　華岡青洲の……。これです」

と、小さなケースに入った練り薬を見せてもらった。明け方の紫雲のように、うす紫色をした練り薬である。

紫根の薬理作用

私は、染色については調べていたが、生薬《しょうやく》については詳しくない。そこで紫雲膏について知りたいと、漢方薬の大手である株式会社ツムラに行った。その日は、すでに紫雲膏について聞きたいと伝えてあったので、資料を揃えて待っていてくれたのである。

「紫根のもつ紫色の色素のシコニンやアセチルシコニンが、傷の回復を早める効果があるために外用薬として使われます。ゴマ油と蜜蠟、豚脂《とんし》の中に、紫根と当帰《とうき》（セリ科）を加えて作る軟膏です。この「紫雲膏」は、江戸時代の名医・華岡青洲の創始です。大傷や擦り傷、痔などに使われます」

紫根の成分はナフトキノン系色素のシコニン、アセチルシコニン、イソブチルシコニンなど、多くのシコニン関連化合物が見出されており、これらは主として根皮に含まれている。特にシコニン、アセチルシコニンには抗炎症、肉芽増殖促進、殺菌、解熱作用など、外傷治癒促進と関連するいろいろな作用が、薬理学的に見出されているのであった。

生薬としての紫根は、古く『神農本草経』に収載されている漢方薬の一つである。

『万葉集』に詠まれている。

あかねさす　紫野行き標野《しめの》行き
野守《のもり》は見ずや君が袖振る

（巻一　二〇）

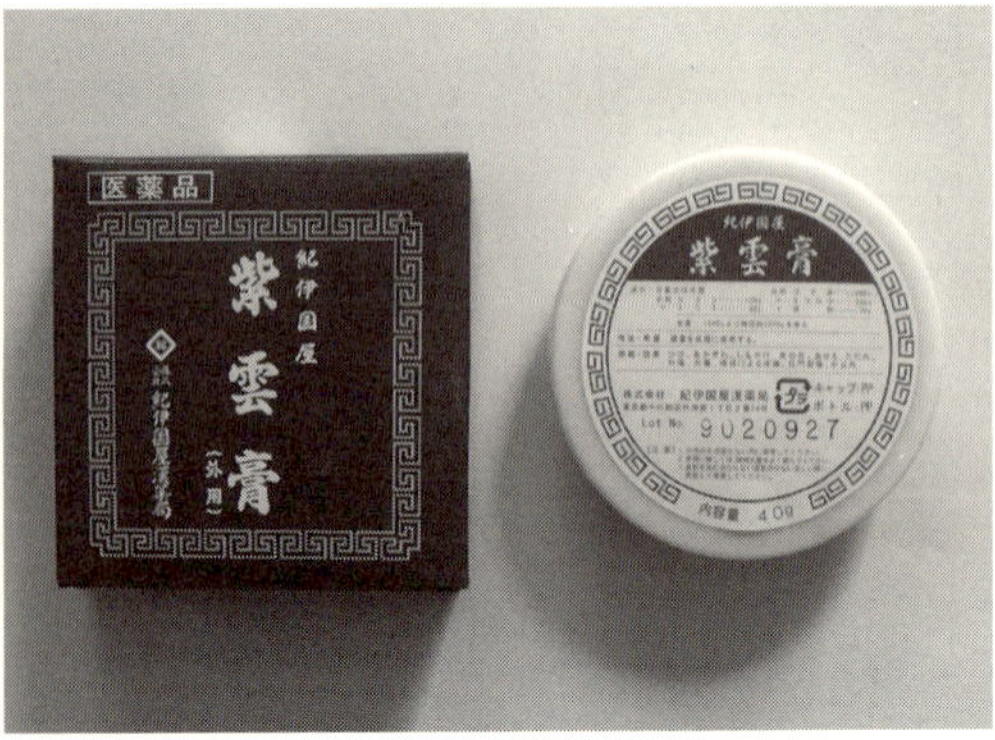

紫雲膏とその成分・分量

成　分	分量 (g)
紫　根	120
当　帰	60
ゴマ油	1000
蜜　蠟	340
豚　脂	20

の標野は天皇のご領地で、男性は薬狩《くすりが》り(鹿の新しい角＝袋角を取る)をし、女性は薬草を摘んで生薬や染料を得たのである。このように紫草は、薬草のほかに位の高い人の衣服や高僧の衣に用いられるようになったのは、色の美しさ、その色の特典性によって、染色に目が向けられたのであった。

外科医・華岡青洲について

華岡青洲が陳実功著『外科正宗《せいしゅう》』(明代＝一六一七年)の白禿瘡《はくとくそう》門に記されている「潤肌膏《じゅんきこう》」に豚脂を加えて作った、日本生まれの漢方外用薬が「紫雲膏」である。華岡青洲は有吉佐和子著の『華岡青洲の妻』で知られる。青洲は研究熱心な外科医で、文化元年(一八〇四)に世界に先駆けて、全身麻酔のもとで乳癌手術を行なった。切開した皮膚を糸で縫い、膏薬を貼り、病院に二〇日あまり入院させたといわれる。病室は手術室兼薬調合室、別棟の「三病室」と呼ばれる三床の病室で管理した。青洲が開発した麻酔は「通仙散」である。このほか数多くの薬剤が知られている。「通仙散」は、青洲が古法の漢方と蘭法（オランダ医学）の両方を学んでいたので、チョウセンアサガオからの抽出物を含む生薬製剤を創り、世界最初の全身麻酔法による乳癌の摘出手術に成功したのであった。

青洲の弟子の著した『春林軒膏方便覧』に紫雲膏について「よく肌を潤し、肉を平らにする」とあり、ひび、あかぎれ、やけど、痔、肛門裂傷に最初に使用した処方であると記されている。

紫雲膏は今なお現役で、各社の生薬製造メーカーから市販されているが、その製法が簡単なので、薬科大学の生薬の学生実習の題材になっているそうだ。株式会社ツムラで私と面会してくれた人も、

「まず、最初の実験でやりましたね」

と、いっていた。

が、実は製法に各社の秘伝があるとのことである。

紫雲膏の作り方

「薬局製剤・漢方委員会」による紫雲膏の作り方を、次に記しておく。

① ゴマ油を二〇〇〜二三〇℃で約六〇分ほど煮る。頃合いの見方は、少し温度を下げ、二〇〇℃くらいになったところでコップに水を入れ、その水面にガラス棒の先に取ったゴマ油を滴下し、拡散しないで球状になると良しとする。

② 蜜蠟と豚脂を入れて溶かす。

③ 温度を一七〇℃前後にして当帰を少量ずつ入れると、やがて当帰の焦色《こげいろ》が確認できる。茶漉しで滓を取り除く。
④ 温度を下げ、一四〇℃にして紫根を五分間抽出し、滓を取り去る。アセチルシコニンの融点が一四二℃なので、紫根投入温度は一四〇℃とする。
⑤ 最後にガーゼで全体を漉し、攪拌して冷却する。

この膏薬は大傷に効果があるとはいっても、真皮に及ばない時に使用し、真皮に及ぶ場合は、医師の受診が必要という。

それにしても、私にとって豚脂を使うことが不思議であった。

「ラードです」という返事であった。

古くから外用剤は貴重で、高価な油が用いられていた。日本などアジアではゴマ油が、西欧ではオリーブオイルが使われた。また、牛や馬などの動物性の脂が使われた。こうした植物油や動物性の脂は食用でもあるため、外用剤として使うには貴重であったという。

硬紫根と軟紫根

中国では植物の紫草も紫根も一様に「紫草」という。この紫草には、硬紫根と軟紫根があり、日本薬局方によると原料の紫根は、軟紫根を用いることになっている。

広い中国の大地では、新疆から産する紫草を「新疆紫草」といい、雲南地方に分布する紫草を「滇紫草」といって薬用にしているという。また、中国の薬用市場では、東北各省から産する紫草を「硬紫草（硬紫根）」、新疆紫草の根を「軟紫草（軟紫根）」と呼んでおり、この両者が市場での大部分を占めている。

現在、日本に輸入されている中国からの紫根は硬紫根と軟紫根である。硬紫根は質が硬く、日本の紫根と変わりない。

紫根（硬紫根）の主根を横に輪切りにして見ると、濃い紫色を呈しているのは最外層部であるが、主根部の他の部分は澱粉を含んでいるが紫色ではない。では、軟紫根は？

硬紫根と軟紫根の区別について知りたいと、株式会社ツムラで紹介してもらった株式会社紀伊国屋漢薬局に電話をした。この漢薬局は江戸時代から続く老舗で、生薬の問屋だそうである。先方の電話での返事は、「説明をするより、見てもらうのが一番です」ということであった。

繁華な都心の、ビルの林立する静かな一角で、ビルの一階が漢方薬を売る店になっていた。ドアを開けると、漢方独特の香りがただよっていた。用意してあった軟紫根は、私が書物から得た知識とはまったく違っていたし、その意味で想像していた軟紫根とは全然違っていたのである。いつでも感じていることだが、「百聞は一見《いっけん》に如《し》かず」を、地でいく思いであった。

ところで軟紫根について多くの書物は、「根に鱗片が付いている」とあったが、鱗片に対する感覚が

硬紫根（右）と軟紫根（左）

漢薬局

問題であった。私は鱗片を文字通り「魚のうろこ」状と想像したのである。が、実際は、薄い樹皮が一枚ずつ根を覆い、しかも捩れるような状態で根を形づくっていたのである。薄い根皮は剝れやすい。今まで見た「根」の概念からは遠いもので驚かされた。

株式会社紀伊国屋漢薬局の担当者の話では、

「薬用に使うのは日本薬局方で定められた軟紫根です。染色家は普通硬紫根を使いますが、なかには紫の色素が多いといって軟紫根を使う人もいます」

とのことであった。

薬用としての紫草

紫草の根を薬用にすることについて、先に述べたように華岡青洲の創始とされる紫雲膏によって、公に初めて使われるようになったという。

それ以前はどのようだったのだろうか。

『和名抄』（一〇世紀半ばの漢和字書）に、紫草は「染具」として分類されていて、薬用としては扱われていない。また『本草綱目啓蒙』（一八〇二年）に、

紫草の上品のものは染家へ、下品のものは医家に売る

とある。しかし、藩政時代になって南部領内では、

紫根染の腹巻を用うれば、胃腸病にかからない。
腎臓、子宮等の病にかからない。
紫根染の肌着を用うれば、瘡毒を除き、腫物《はれもの》を生ずることがない。
紫根染の衣服を用うれば魔障疫癘《ましょうえきれい》を駆除する。
紫根染の寝具を用うれば、陰湿風邪に冒されることもない。

とみえる。現在、薬用としては、痘瘡、腫瘍、皮膚病、切傷、火傷、痔疾などの治療に用いられているが、それは化膿菌などの抗菌性が証明されていることによる。これらの作用を示す有効成分は、シコニン、アセチルシコニンなどのナットキノン系の色素である。

ついでのことながら、紫根を染色に用いる場合も、色素の多い表皮や細根を洗い捨てないようにする注意が必要である。

紫草の民間薬と行商

南部藩領に紫草の自生地が多く、採取が容易であったことから、この紫根を染色して身につける以外

に、どのように利用したのだろうか。

東北地方で聞いた話だが、江戸川柳に詠まれていた「うっちゃって　看板にする紫屋」というのがあるが、この地方で染料として使った残渣を貰って枕に入れたという話が残っている。貰ってきた根を細かく砕き、枕に入れて寝るとのぼせが治まり、安眠できるといわれていたのである。

また、生のまま食する方法もあったらしい。生といっても、乾燥して保存しておいた紫根を、砕いて細かくし、風邪などを引いたときに湯を注いで飲んだという。

紫根の残渣を砕いて枕に入れたり、乾燥した紫根を湯に浸して飲むなどというのは、民間薬として使われたのであろうが、こうした和漢薬を医学的に、全国的にひろめたのは富山県の売薬ではないだろうか。

富山売薬は、備前岡山の医師・万代《もず》常閑《じょうかん》が「反魂丹」を創始し、日比野小兵衛が二代藩主・前田正《まさ》甫《とし》に献上したところ、卓効があったため全国に売りさばくようになったといわれる。富山藩領の売薬行商人は天保年間（一八三〇—四四）で千七百人、売上高五万両であった。これは加賀藩の支藩で十万石の富山藩にとって、大きな収入源であった。

富山の売薬は得意先の各戸に直接届けるため、それぞれの薬を小袋に入れ、さらに一括して大袋に入れて、家の中の目立つところに吊り下げるようになっていた。

「クスダマ」は薬玉《くすだま》

その昔、薬袋を家の中の目立つところに吊り下げた、ということで「薬玉」がおもい出された。『枕草子』に、

はかなき薬玉・卯槌《うづち》などもてありく者などにも、なほかならずとらすべし。

また、

わかき人々、御匣殿《みくしげ》（中宮定子の御妹）など、薬玉《くすだま》して姫宮・若宮に着《つ》けたてまつらせ給ふ。いとをかしき薬玉ども、ほかよりまゐらせたるに……（略）

とある。校注によれば、薬玉は麝香《じやこう》・沈香《ちんこう》などの薬を玉にして錦の袋に入れ、菖蒲や艾《よもぎ》などを結び、五色の長い糸を結び下げたもの。これを身につけたり、柱や簾《すだれ》にかけると邪気をはらうと信じられ、五月五日の節供に用いられた。もと民間の行事であったものが、宮廷にとり入れられたのであろう。

また、卯槌《うづち》については、「悪鬼を避けるまじないとして、正月の初めの卯の日に朝廷に奉った小づち。桃の木または象牙《ぞうげ》を三センチメートル角、高さ九センチメートルの長方体に切り、中に穴をあけ、五色

卯槌と薬玉

う‐づち【卯槌】（名）悪鬼を避けるまじないとして、正月の初めの卯の日に朝廷に奉った小づち。桃の木または象牙〈ぞうげ〉を三センチメートル角、高さ九センチメートルの長方体に切り、中に穴をあけ、五色の糸を通して、一・五メートルほど下にたらしたもの。宮中以外でもまねてこれを贈答したらしい。「若宮のお前にとて―参らせ給ふ」〈源・浮舟〉枕源

〔卯槌〕

くす‐だま【薬玉】（名）香料をにしきの袋に入れ、ショウブやヨモギの造花などを飾り付けて、五色の糸を長くたらしたもの。五月五日の節句に魔よけとして身につけ、また、柱やすだれにかける。「―は、菊のをりまであるべきにやあらむ」〈枕・せちは〉蜻枕源徒

〔薬　玉〕

の糸を通して、一・五メートルほど下にたらしたもの。宮中以外でもまねてこれを贈答したらしい」と『古語辞典』（講談社）にみえる。

薬玉については、『延喜式』に、

凡五月五日薬玉料　菖蒲　艾　揔盛㆓一輿㆒　雑十捧

と、みえる。『古語辞典』で薬玉の項を見ると次のようであった。

香料をにしきの袋に入れ、ショウブやヨモギの造花などを飾り付けて、五色の糸を長くたらしたもの、五月五日の節句に魔よけとして身につけ、また、柱やすだれにかける

このように薬玉は、邪気を払うまじないとして使われた。古く中国から伝わったものらしく『続日本後紀』仁明天皇嘉祥二年（八四九）の五月五日の項に「薬玉」とあるのが最初である。長命のまじないでもあったので長命縷《る》、五色縷ともいった。

薬玉は、薬の束《たば》からきたものではないかと考えられる。今日でも

現在の匂袋

薬草を束ねて軒下に干しているのを見るからである。

貴人の真似から薬玉をつくる

いつの時代のことかはっきりしないが、京都では五月になると薬玉売りの行商があったという。また、家では赤白の糸や紐を使って、橘《たちばな》の実にならって丸く、美しく編み、この中に丸薬を入れた。

また、小さな布で袋を作り、薬を入れ、男の子は左の袖の肩に、女の子は右の袖の肩の部分に縫い付けた。こうした薬玉が、今に伝わる匂袋になったのであろうか。

漢方薬の専門店の紀伊国屋漢薬局でも、「そうですね、以前は匂袋を扱ったことがあります」といっていた。やはり漢薬から出発したものであろう。私は以前から匂袋は、薬玉の名残りとおもわれてならなかったので、ほっと納得した。薬玉の周囲を美しく飾ったのは、子どもを病魔から守る大切なものを入れておくためのものであり、そして目立つものでなければならなかったからである。

現在、「クスダマ」はビルの竣工や列車の開通の祝事に、テープカットと共に華やかに使われる。おそらくは将来への発展を意味しているのであろう。薬玉としては本来の意味とは違っているが、病魔に打ち勝って健やかに育つことを願った親心と、共通しているような気がするのである。

助六の伊達《だて》鉢巻

「紫」の粋《いき》

「紫」をテーマにして書くのだと男性の友人に話したところ、詳しいことは聞かず、その友人は目を輝やかせていった。

「紫といえば助六ですよね。あの鉢巻は粋です。江戸の気風《きっぷ》です」と。

〽この鉢巻は過ぎしころ、由縁《ゆかり》の筋の紫の、初元結をまき初めし……

と、三味線に合わせて語られることで知られる通称「助六」。外題は『助六由縁江戸桜《すけろくゆかりのえどざくら》』である。

「粋」について九鬼周造は、『「いき」の構造』のなかで次のように述べている。

いきの構造は媚態と意気地と諦めとの三契機を示している。（略）意識現象としてのいきは、理想

助六

性と非現実性とによって、自己の存在を実現する媚態としてとらえることは出来ないであろうか。

歌舞伎が上方で盛んとなった江戸時代の中期以降の生活文化は、町人文化であったが、社会的には「町人の分際で」と蔑視され、武家が優位にあった。こうした社会機構のなかで町人としての生き方を通そうとすれば、洒脱に生きるか、意気地を通すかのどちらかであろう。こうした人生観の中で生まれ出たのが「いき」であり、存在意義であり、それに変る新しい目的を見出すエネルギーである。奢侈が禁止されると、表地は質素に装いながら裏地に趣向を凝らすなどである。紫根染の紫がお留め色（禁色）となり、生類あわれみの令によって神田川の漁が禁じられると、洒脱な江戸の人は「鯉までも紫になるお留め川」と、川柳で風刺したのであった。

阿国歌舞伎図

江戸っ子の心意気・紫の鉢巻

江戸時代の士農工商という定着化された階層社会のなかで、支配者に反撥して無法を憤ったり、または自嘲することは、文学や芸能に代弁される笑いや、涙に生まれかわった。歌舞伎もその一つだが、その基となったのは出雲の阿国《おくに》（お国）で、もと出雲大社の巫女《みこ》だったといわれる。

阿国について史料を調べると、天正十年（一五八二）五月に奈良の春日若宮の拝屋《はいや》で「ややこをどり」（少女二人の踊りで、幼さを強調して「ややこ＝赤ん坊」と呼んだ）や、慶長八年（一六〇三）四月に京都で「かぶき踊り」を演じ、人気が出て一世を風靡するまでになったらしい。自由を求めていた人の心に叶ったのであろう。

やがて阿国は念仏踊りに歌を交え、塗笠に紅の腰蓑《こしみの》をまとい、鳧鐘《けりかね》を首にかけて笛や鼓に拍子を合わせて踊ったという。「かぶき」は「傾《かぶ》く」の名詞形とされ、阿国の異様な衣裳や色合いが人目をひいたのである。この歌舞伎踊りは女性が主となって男装をし、傾城《けいせい》買いをするという演技だったため、幕府としては風俗を紊《みだ》すとして寛永六年（一六二九）に女性を締め出す禁令が出された。その頃に起こったのが若衆歌舞伎である。が、これもまた姿態が妖艶《ようえん》であると承応元年（一六五二）に禁止され、新しく男優だけの野郎《やろう》歌舞伎が起り、ようやく純粋の歌舞伎として発達する。

助六物の誕生

助六物の誕生は、上方《かみがた》（京坂）に実在した町人・萬屋《よろずや》助六と島原の遊女揚巻の心中情話をもとにしたもの。事件は延宝年間（一六七三―八一）、または宝永年間（一七〇四―一一）に大坂千日寺で起こったといわれる。

上方ではすぐに一中節に「大坂助六心中物」などの心中物の作品がつくられたが、それを脱脚した明快な侠客物として江戸歌舞伎が生まれた。江戸歌舞伎では正徳三年（一七一三）に、山村座の『花館《はなやかた》愛護桜《あいごのさくら》』に助六がはじめて登場する。二世市川団十郎が演じたが、このときから侠客物の姿を明確にしている。

助六は生締《なまじめ》（油で棒状にかためた髷《まげ》の名）の鬘《かつら》に紫縮緬の鉢巻を右に結ぶ。紫の色は「江戸紫」で、これも江戸人の心を高ぶらせる。

江戸紫の鉢巻に　髪はなまじめはけ先の　間から覗《のぞ》いて見ろ、

という台詞《せりふ》と一体となって胸のすくような粋さである。目元から目尻へ紅をさした「むきみ隈《くま》」を施し、黒羽二重の衣裳。桐柾《まさ》くり抜きの下駄。腰には一本刀に印籠《いんろう》、尺八を背に、蛇の目の傘をさして花道から出る助六はダンディである。江戸の粋が凝縮していて、男性も女性も助六に酔い痴れる。とりわけ助六の花道の出端《では》（花道での演技）の、蛇の目傘を使っての多彩な見得《みえ》は観客を魅了する。

助六の紫の鉢巻を、助六は頭痛持ちだからとする人がいるが、これは間違いである。それは、おそらく紫を染める紫根が薬草だからという理由からだとおもわれるが、助六のは伊達《だて》鉢巻である。

紫縮緬の病《やまい》鉢巻

紫縮緬で、病人または病的状態にある人物が用いるのが病《やまい》鉢巻である。助六は右側に結ぶが、病鉢巻は左側に結びを作る。結び方には箱結びと結び下げの別がある。

保名《やすな》は四季七変化『深山梅及兼樹振《みやまのはなとどかぬえだぶり》』春の一つ。

〽恋よ恋、われ中空になすな恋……

という清元の語り出し。安部保名《あべのやすな》は、恋人の榊の前が、あえない最後をとげたことから悲しみのあまり心乱れ、形見の小袖を肩に、菜の花が咲き、霞たなびく春の野辺をさまよい歩く。保名は紫縮緬の病鉢《やまいはち》巻《まき》を左に結び下げている。このように左側に結び下げるのが病鉢巻であり、「狂乱物」では病鉢巻をするのが定式である。

人の心を捉える天然染料

天然染料には三種ある

天然染料のなかでもっとも広く知られ、理解されているのは植物染料だが、その植物染料を含めて、天然の諸材料を総称して天然染料と呼ぶ。これらの天然染料は、次の三つに区分される。

天然染料
- 植物性染料
- 動物性染料
- 鉱物性染料

植物性染料

天然染料の中では植物性染料の染材がもっとも多く、したがって色数も豊富で、色の濃淡の変化にもすぐれている点から、天然染料といえば植物性染料に代表されるといっても過言ではない。

植物染料として利用される部分は、樹木の皮や芯部、花、実、葉、茎、根と、植物によって色素の含有されている部分が違うので、染材に使う部分は細分化される。

また、染色するには、その染材に色素が多く含有している時期を、採取のときとすることも大切であり、そのほか同一植物であっても、自然から得られるものであるため、生育の土地条件、肥料などの環境条件によっても品質や色調が左右される。

動物性染料

介殻虫科の小虫であるコチニール、ケルメス、シェラック、貝紫、烏賊《いか》の墨（セピア）などがある。

コチニールはペルシアやインドに多く、貝殻状の小虫で、緋色に染まるので臙脂虫《えんじむし》ともいう。染料分はカルミンで、紅の成分のカルミサンと似ているので間違いやすい。

ケルメスは主としてペルシアやインドで使われていた。前述のコチニールとよく似ているが、ケルメスのほうが虫の形が小粒で、その上、染料の含有量が少ないためコチニールに圧倒された。江戸時代に日本の大名達が好んで使った猩々緋《しょうじょうひ》の羅紗《らしゃ》がよく知られる。

シェラックはラック虫の分泌物で、ここから染料分を取り出してラック・ダイと名づけて染色に使う。これを綿にしみ込ませたのが綿臙脂《めんえんじ》である。赤紫色の染料で沖縄の紅型《びんがた》の染料として用いられた。紫鉱《しこう》（紫梗）ともいう。

貝から得る紫を貝紫というが、その名の貝はない。海に棲むアカニシやイボニシなどの巻貝の鰓下腺《さいかせん》

小早川秀秋所用と伝えられる「猩々緋羅紗地違鎌模様陣羽織」(桃山時代．東京国立博物館蔵)

から得る少量の液を採取して染色に用いる。貝は日本各地のほか、世界の各地の海に産する。クレオパトラが、船の帆を貝紫で紫色に染めた伝説はよく知られている。ギリシアの頃から帝王の服の色として用いられ、イギリスの王室ではその伝統から、戴冠式には皇帝の式服として紫色の服を着る。そのため、紫色をキングス・バイオレット（帝王の紫）、ロイヤル・バイオレット（王室の紫）と呼んでいる。

鉱物性染料

鉱物性染料の種類は少なく、ほんの一、二種しかない。鉱物というので間違いやすいが、鉱物性の顔料では染色はできない。日本の鉱物性染料で古代から使われていたのは黄土である。この色は現代ではカーキー色と呼び、薄茶色である。カーキーとはインド語で「土」を指す。黄土で染色をするには、鉄塩で裂《きれ》を処理してから苛性アルカリ（苛性ソーダ）で処理すると、この二つの反応で水酸化鉄が繊維の中に形成されてカーキー色（土色）に染まる。

卑弥呼の時代の染色

洋の東西を問わず、合成染料が発明されるまでは、染色の材料はすべて天然染料であった。天然染料には植物性染料、動物性染料、鉱物性染料があるが、もっとも広く、もっとも多く用いられていたのは植物性染料であったため、天然染料といえば植物性の染料を使った植物染を指すようになった。この植物染を「草木染」として、昭和七年に山崎斌が商標登録したので一般に使えなくなり、草木染に代わる呼称として「和染」「木染」「植物染」などと呼ばれていた。

日本の天然染料による染色の歴史は、『魏志』倭人伝によって、染色が行なわれていたであろうことを知ることができる。詳しい色彩などについては、遺品がないのでわからない。『魏志』倭人伝の史料によると、景初二年（二三八＝景初三年とする説もある）十二月に、卑弥呼が魏王に「班布」を、また正始四年（二四三）に「絳青縑《こうせいけん》」を朝貢したことが記されている。

景初二年（又は景初三年）

汝所献男生口四人女生口六人班布二匹二丈以到

――汝献ずる所の男生口四人、女生口六人、班布二匹二丈を以て到らしむ。（班布とは、濃淡または、さまざまな色を染めた布のこと）

正始四年（二四三）
献生口倭錦絳青縑緜衣帛布丹木拊短弓矢
——生口、倭錦、絳青縑、緜衣、帛布、丹、木拊《もくふ》（ゆづか）、短弓矢を献ず。

卑弥呼の亡きあと壱与（卑弥呼の宗女）は、

献上男女生口三十人貢白珠五千孔青大勾珠二枚異文雑錦二十匹
——男女生口三十人を献上し、白珠五千孔、青大勾珠二枚、異文雑錦二十匹を貢《みつ》ぐ。

卑弥呼や壱与が朝貢した班布、倭錦、絳青縑、異文雑錦については想像の域を出ないが、班布は二、三の色彩の異なった糸を織り込んだ縞布とされ、麻織物とする説があり、倭文《しどり》とみられるものとされていた。たしかに倭文はこれまで『釈日本紀』などの文献上でしかわからなかった、日本特有の織物である。絳青縑は、「絳《こう》」は赤のことで、茜草《あかね》で染めたとする学者が多い。「縑《けん》」は絹の固織りのこと。生絹で織ったのではないかとする学者もいる。

「青」を染めた藍草

藍は古代から使われていた染料である。『古事記』（祝詞）に、大国主命が倭国《やまとのくに》に旅するため、装束して鐙《あぶみ》に片足をふみかけつつ、須勢理毘賣命《すせりひめのみこと》に向かって謡ったとする条がある。

ぬばたまの　黒き御衣《みけし》を　まつぶさに　取り装《よそお》ひ　沖の鳥《とり》　胸《むな》見る時　はたたぎも　これは適《ふさ》はず　辺《へ》つ波　そに脱ぎ棄《う》て　鴗鳥の　青き御衣《みけし》を　まつぶさに　取り装ひ　沖つ鳥　胸《むな》見る時　はたたぎも　此《こ》も適《ふさ》はず　辺つ波　そに脱ぎ棄《う》て　山縣《やまがた》に　蒔《ま》きし　あたね舂き　染木《そめき》が汁《しる》に　染《し》め衣《ころも》を　まつぶさに　取り装ひ　沖つ鳥　胸《むな》見る時　はたたぎも　此《こ》し宜《よろ》し　いとこやの　妹《いも》の命《みこと》　群《むら》鳥《とり》の　我《わ》が群《む》れ往《い》なば　引《ひ》け鳥《とり》の　我《わ》が引け往《い》なば　泣かじとは　汝《な》は言ふとも　山處《やまと》の　一本《ひともと》薄《すすき》　項傾《うなかぶ》し　汝《な》が泣かさまく　朝雨《あさあめ》の　霧に立たむぞ　若草の　妻の命事《みこと》の　語言《かたりごと》も　是《こ》をば

と、うたひたまひき。

これによると「黒き御衣」はふさわしくなく、「青き御衣」もまたふさわしくなく脱ぎ捨て、次の「あたね舂き　染木が汁に染め衣」を、「これがよい」として旅立つのである。黒の御衣を染めたのは榛の木であろうか。青の御衣は藍で染めたのであろうが、色が気に入らず「脱ぎ捨て」、あたねを搗き、その染め木の汁で染めた御衣を、「此《こ》し宜《よろ》し」と着たのである。この「あたね」とは何か。その染め木の汁で染めた色は何色なのか。あたねを「茜」とする説もあるようだが、「山縣（山畑）に蒔きし」とすると、種子を蒔く意となり、一年生草本であり栽培植物の藍と考えられる。茜は宿根草で山野に自生しているので、種子を蒔くことはない。しかし「まきし」を「まぎし」と濁音で読むと「求《ま》ぎし（覓ぎし）」となり、山野に自生する植物を探す意となる。

飛鳥時代の染色

飛鳥時代になると、華やかな色彩に色どられる。その代表的なものは冠位十二階の制定による色彩である。

『日本書紀』によると、推古天皇十一年（六〇三）に、聖徳太子によって初めて日本に冠位が制定された。そのときの冠の色は紫、青、赤、黄、白、黒であった。のちの大化三年（六四七）には七色十三階の冠制となり、服名は深紫、浅紫、真緋《あけ》、紺《ふかきはなだ》、緑、皁《くろ》の順になっている。皁《くろ》は皀、黒と同じである。黒は冠位の最下位であった。

『延喜式』主計上の上野国の項に、「榛布卅五端」、下野国の項には「榛布十端」とみえ、皁（黒）布と考えられる。

また主計上・諸国庸には次のように記されている。

尾張国　調　皀糸廿絇。　駿河国　調　皀帛十疋。
伊豆国　調　皀帛十疋。　甲斐国　調　皀帛廿五疋。
但馬国　調　皀帛五疋。　因幡国　調　皀帛十五疋。
伯耆国　調　皀帛廿疋。　出雲国　調　皀糸五絇。
播磨国　調　皀帛十疋。　美作国　調　皀糸五絇。
備中国　調　皀糸五絇。　紀伊国　調　皀糸五絇。
阿波国　調　皀糸五絇。　伊与国　調　皀帛五疋。

古い時代に黒（皀）を染めるには、榛《はんのき》を使った。『万葉集』では「はり」と詠んでいる。樹皮を使って灰汁で媒染すると赤茶色になるが、実を使うと黒が得られる。熟した実を蒸し焼きにして黒灰《くろばい》を作るか、釜で煮出して黒茶色の液を作る。古代の榛摺《はりずり》の衣は、この黒灰であったかと思われる。

古墳から紫染の裂が出土

奈良県藤ノ木古墳から紫、藍、山吹、赤、黄などに染めた裂が出土した。古墳から出土した染織品では、これまで藤ノ木古墳からの出土品がもっとも古い時代のものとされていたが、吉野ヶ里遺跡から織布断片が出土し、染色も確認されたので、こちらのほうが日本最古の染織品として驚異の発見である。

詳しくは本文二九五ページ「吉野ヶ里遺跡の貝紫染」を参照されたい。

紫草は日本古来からの植物で、日本全国の山野のほか、韓国、中国、モンゴルなどに自生する。聖徳太子によって冠位十二階が定められて紫色が脚光を浴びる。『延喜式』に諸国の紫草の産出高を見ると関東地方がもっとも多い。

推古天皇十六年（六〇八）に、

「亦《また》衣服に皆錦《にしき》・紫・繍《ぬいもの》・織《おりもの》」

大化三年紀（六四七）に、

「服《きぬ》の色は深紫、浅紫、真緋《あけ》、紺《ふかきはなだ》、緑、黒」

天武十年紀（六八二）に、

「金《こがね》、銀《しろがね》、珠玉《たま》、紫、錦、繍《ぬいもの》、綾《あや》」

天武十四年紀（六八六）に、

「朱華《はねず》、深紫、浅紫、深緑、浅緑、深蒲萄《えび》、浅蒲萄」

とあり、『続日本紀《しょくにほんぎ》』の大宝元年（七〇一）には、

黒紫《こきむらさき》、赤紫《あかむらさき》、深緋《こきあけ》、浅緋《あさきあけ》、深緑《こきみどり》、浅緑、深縹《こきはなだ》、浅縹

と服色が改正されている。
ただ養老律令の官撰注釈書である『令義解《りようのぎげ》』の衣服令には皇太子の礼服として黄丹《おうたん》（おうに）が加えられている。黄丹の色は梔子《くちなし》の黄と、紅花《べに》で染める。禁色《きんじき》である。
黄丹の染色について『延喜式』縫殿寮 雑染用度《くさぐさのそめ》に次のようにみえる。

黄丹
綾一疋　紅花大十斤八両　梔子《くちなし》一斗二升　酢一斗　麸五升　藁四囲　薪一百八十斤。
帛一疋　紅花大七斤　梔子九升　酢七升　麸四升　藁三囲　薪一百廿斤。
羅一疋・絲一絇　紅花大二升八両　梔子三升　酢二升三合　麸二升　藁一囲　薪六十斤。

なお『延喜式』内蔵寮・練《ねり》染用度には「椿灰二石七斗　真木灰七斗」とあり、図書寮にも「椿灰一斗三升」とある。

紫草の染色技法は中国から

紫草は古来から日本国内の各地に自生していたといわれるが、この染色技法は中国から伝えられたのではないだろうか。

紫根染と茜染には、ともに特定の灰が使われた。『延喜式』には、媒染剤として椿と柃《ひさかき》の灰が記されている。これらの灰にはアルミナ分が多く含有されていて、紫草の染色には欠くことができない。古代に、こうした灰が有効であることを知り、利用されていたことに驚きを感じる。

植物性染料の魅力

さて主題のテーマに戻って、植物性染料で染めた色が、なぜ私たちの心を捉えるのか考えてみたい。

植物染料は、特殊な植物でない限り原料になる染料を煮沸するか、もみ出すなどの方法によって色素を抽出する。が、その色素は純粋ではなく、色素主成分のほかに微量だが他の混合物が存在する。これが主な色素に対して私たちの目に、色の深みとして映《うつ》る。また一種の渋味として映る。このように「深み」「渋み」として感じとることが出来るのは、黒い瞳を持つ日本人の特性でもある。青い瞳を持つ欧米人は、この微妙な差を見わけることが困難なのだそうだ。私たちはイタリアやフランスなどの色鮮やかなファッションに圧倒されるが、それは単に、ヨーロッパの空の色や、エーゲ海の海の色、そして空気の乾燥によるものだけではない。本質的に細やかな色の感覚を見わけられないことによるのである。

そのような身体的な問題のほかに、民族性、風土などが交りあってできた「好み」によるのかもしれない。

植物染料にとってもう一つの問題点は、色素主成分が非常に少ないことだ。そのために濃い色を得ようとするなら、染めの作業を何回も繰り返さなければならない。しかも染めの作業中に媒染をすることもあり、酸化作用によって発色した色素を固着させる。

色素を抽出する作業も労働だが、抽出する温度と時間によって溶出する成分が異なるのだ。紫根は温湯抽出によるが、抽出温度がむずかしい染料の代表で、染液の温度管理もむずかしい。以上のようなことから、同一の色を再現することが困難なのである。

逆にいえば、天然染料である植物性染料で染めたものは、同じ色にならないからこそ、「一品もの」としてよろこばれているともいえる。

天然染料としての植物性染料は、以上の理由から「深み」と「渋さ」を好む人たちに、工芸的商品としてますます愛されて行くであろう。さらに高速化された機械によって作り出された商品とは別に、「手」によって丹念に導き出された色に、心を奪われる人が多くなっていくのではないかと考える。

合成染料の透明な美しさ

合成染料の発明

合成染料が発明されたのは、今からほんの百五十年ほど前である。それまですべて天然染料の時代であったので、天然染料に代わるべき合成染料の発明は、世界中の化学者の夢であり、課題であった。

最初に合成染料を発見したのはイギリスの化学者のW・H・パーキンである。実はパーキンの発明以前に合成染料としてピクリン酸が合成されたが、黄染の染料だったため、世間に広くもてはやされず、そのうち爆薬の原料として使われるようになり、染料としては姿を消した。

パーキンは一八五六年に英国化学者のホフマン教授の助手として、マラリアの特効薬・キニーネを合成しようとして、アニリンを酸化してみたところ、そのとき得られたのはキニーネではなく、黒褐色の粉末であった。が、パーキンはその粉末の中に少量の赤紫色の結晶が混っているのを見付け、この結晶で絹を染めることができることを発見したのである。これはモーブ（モーベン＝藤色をしたものという意）と名付けられた。

しかしパーキンは合成染料を発見しようと研究していたのではなく、偶然が発見につながったのである。その一つは、使用したアニリンの中に、トルイジンという薬品が混入していたこと。もう一つは、このとき生成したものが赤紫色だったということである。パーキンはその色を目にして、「貝紫」（チリアンパープル＝貝から得られる紫色）から手にすることのできる紫色を連想したと、伝えられている。後になって、モーブの化学構造のなかにプラスのイオンを持っていることから、アンモニアなどの塩基性物質と同じなので塩基性染料（色素成分が塩基にあるため色相は鮮やか）と呼ばれている。

モーブ系の合成染料は、絹や羊毛を染めることができるが、タンニン媒染によって木綿を鮮やかな美しい色調に染めることもできた。しかし日光堅牢度が悪く、そのため、日光堅牢度の高い染料が次々と開発されて、実用価値を失った。

最近、繊維上で酸化することにより、日光堅牢度が高く、不溶性色素を生じる染料が開発された。

茜と藍の合成染料の発達

茜の色素成分はアリザリンである。一八六九年にドイツのグレーベとリーベルマンによってアリザリンの色素成分が合成された。その後、水溶性にして使いやすくなる。種々の色相には酸性媒染染料や酸性染料が作り出されるが、それらはすべてアリザリンという語を用いている。一般に澄んだ色相をもち、日光堅牢度がすぐれている。

アドルフ・フォン・バイエル

天然藍の主色素成分インジゴチンの構造がわかったのは一八八〇年。その後、一八八三年にアドルフ・フォン・バイエルによって合成された。合成されたものは、ほとんど純粋なインジゴチンであるため、インジゴピュアーの名称で呼ばれるようになった。インジゴイド系バット染料の代表的なものである。

植物の藍葉から色素成分を採取した場合、インジゴチンの他に、インジルビン、インジゴブラウンなどの色素が少量存在するが、合成されたものは純粋なインジゴチンである。

インジゴは水に溶けないので、他の天然染料と同じように染めることができず、そのため、還元（建てる）という方法で水溶性に変え、繊維に吸着させてから、元の色素に戻す。そのため藍の合成染料を建染《たてぞめ》染料という。

わが国で合成染料が製造されるようになったのは大正三年（一九一四）で、三井鉱山三池焦煉工場（現・三井化学株式会社）でコークスの製造を開始したのが始まりである。明治四五年（一九一二）に副産物回収式のコッパース炉を稼働させ、大正四年（一九一五）にベンゾール工場が稼働し、インジゴの製造用原料としてアニリンが企業化された。

昭和四年（一九二九）に日本での染料製造奨励法が改正され、インジゴが奨励染料に追加指定されて奨励金三百四十万円が交付されている。昭和七年（一九三二）に大量生産方式の工場が完成し、製造から最終製品の荷造、発送まで行なわれるようになった。翌年にはインジゴの国内需要の大半をまかなうことができるようになったのである。しかし、現在は生産を停止している。

合成インジゴの発見は、天然植物の藍の化学構造を分析することから始まったので、合成インジゴの化学構造は天然藍とまったく同じである。

合成染料を日本に輸入した頃

日本が合成染料を輸入したのは文久二年（一八六二）といわれている。その後明治六年（一八七三）に、京都の舎密局御用掛の上田吉兵衛ほか数名の染工を、大坂に住む外人技師・キャンドルのもとに派遣して、合成染料による黒染を学ばせている。その二年後に舎密局に染殿を設置し、染色を学んでドイツ留学から帰国した中村喜一郎が染色技法を指導した。中村はドイツから帰国するのに当って、三十七種の合成染料を持ち帰ったという。

政府は舎密局で中村喜一郎から染色の指導を受けた稲畑勝太をフランスに、高松長四郎と三田中兵衛をドイツに留学させ、染色技術を研修させている。このような経過を経て、明治中期になってようやく合成染料が染色界で使われるようになったのである。

合成染料の美しさ

合成染料は石炭や石油などを原料として、合成によって作られた染料である。パーキンが塩基性染料のモーブを発明して以後、急速に開発され、さまざまな性質をもつ数多くの染料が存在する。染料を応用上の性質から分類すると次のようである。

① 直接染料　木綿その他のセルロース繊維(植物繊維の主成分である繊維素)を、媒染をしなくても直接染められることからこの名がある。

② 酸性染料　絹、毛、ナイロンなどは酸性浴で染まるが、木綿には染着しない染料。

③ 金属錯塩染料　金属原子を錯塩の形で含む酸性染料。日光堅牢度が高い。

④ 酸性媒染染料　酸性染料と媒染染料の中間的な性質をもつ染料で、クロム染料ともいう。絹、羊毛、ナイロンなどに直接染着するが、金属媒染剤を作用させると不溶性色素(レーキ)を生じ、染色は堅牢である。

⑤ 媒染染料　繊維に対して直接染まらないが、金属塩によって媒染すると染色できる。
⑥ 塩基性染料　絹、羊毛、およびタンニン媒染した木綿を染色できる。色相は鮮やか。
⑦ 硫化染料　水に溶けないが、硫化ソーダで還元されて溶解する。日光や洗濯に強い。安価なので木綿の作業服に用いられることが多い。
⑧ バット染料　水に不溶性で、アルカリ性浴で還元するとリューコ化合物（一時的無色化合物）となって溶ける。これを繊維に吸着させた後、空気中で酸化させるともとの染料に還って発色し、染色できる。バイエル（独）が合成成分のインジゴを合成したことに始まる。
⑨ 可溶性バット染料　バット染料を還元状態で安定化させた染料。強アルカリを使うので絹や羊毛には向かない。しかし改良されたものは、価格は高いが、絹や羊毛にも使える上に、染色法も簡単である。
⑩ 酸化染料　繊維上で酸化することにより不溶性色素を生ずる染料。堅牢度が高い。
⑪ ナフトール染料　二種の染料中間体の下漬剤と、顕色剤とを繊維上で化合させて、不溶性の色素を作る。色相は美しく、日光、洗濯に堅牢で、染色も短時間でできる。
⑫ 反応染料　繊維と化学的に反応して染着する染料。特徴は美しく、堅牢で、染めやすいこと。木綿やタオル製品に使われる。
⑬ 分散染料　アセテート繊維の染色用に作られたが、合成繊維にも染着することから分散染料という名称になった。染料はほとんど水に溶けないが、わずかに溶解性があり、そのほうが水中に分散し

やすく、疎水性繊維によく染着する。

　以上、合成染料とその特徴を示したが、このように染色といってもその技法はさまざまだ。材質と用途に応じて使いわける必要があるが、合成染料はおおむね色相は鮮麗である。

　それは、色素に不純な混合物が無いことによる。つまり、天然染料の項で述べたように、本来の色素のほかにさまざまな混合物が存在すると、それが微妙に反応して私たちの目に「深み」「渋み」となって表れるが、まったく混合物の存在しないピュアーな色素は、当然、鮮明であり、美しい透明感で私たちに映るのである。

　逆にいえば、合成染料を使用しても深み、渋みなどを得るために、染料の色を混ぜ合わせることも行なわれている。こうしたことも、合成染料を扱う上での技術といえる。

「紫」ゆかりの物語

紫草《むらさき》のにほへる妹《いも》

紫を詠んだ歌は『万葉集』に十八首あるが、私たちがよく知っているのが額田王《ぬかだのおおきみ》と大海人皇子《おおあまのみこ》の歌であろう。それは『万葉集』の巻一につぎのように伝えられている。

天皇の蒲生野《かまふの》に遊猟《みかり》したまふ時、額田王の作る歌
あかねさす 紫《むらさき》野《の》行き標野《しめの》行き
野守《のもり》は見ずや君が袖振る
(巻一・二〇)

皇太子《ひつぎのみこ》の答へましし御歌 明日香宮に天の下知らしめしし
天皇、謚を天武天皇といふ
紫草《むらさき》のにほへる妹《いも》を憎くあらば
人妻ゆゑにわれ恋ひめやも
(巻一・二一)

紀に曰く、天皇七年丁卯《ていぼう》夏五月五日、蒲生野に縦猟《かり》したまふ。時に大皇弟《ひつぎのみこ》・諸王《おおきみたち》・内臣《うちつまへつきみ》、群臣《まへつきみたち》、悉皆《ことごと》に徒《おほみとも》なりといへり。

校注に、時に天智天皇七年（六六八）五月五日のこと。宮廷の年中行事としての「薬狩」で、皇太子以下、皇族、群臣がこぞって供奉したとある。

額田王の歌に返して、大海人皇子は「紫」という言葉を受けて、「紫のにほへる」と返しているが、これは「相聞歌」ではない。歌が収められているのは巻一であることから「雑歌」である。「雑歌」の巻は、宮廷に伝来した公的な諸行事の歌が集められているからである。伝えられるところによれば、大海人皇子の最初の妻であった額田王を、兄の天智天皇が奪ったということに由来するという見方があるが、天智天皇が額田王を弟から奪った、とする事実は伝えられていない。（桜井満『万葉集の風土』）

額田王は才媛であったが、謎の多い女性でもあった。『日本書紀』に、

天皇、初め鏡王の女《むすめ》額田姫王《おおきみ》を娶《め》して、十市皇女を生《な》しませり。

と、伝えている。これによって大海人皇子と額田王とが結ばれて十市《といち》皇女が生まれていることはたしかだが、額田王がのちに天智天皇に召されたという確証はない。『日本書紀』を見ると、天智天皇は倭姫《やまとのひめ》

王《おおきみ》を皇后にしており、嬪《みめ》に蘇我遠智娘《そがのおちのいらつめ》、蘇我姪娘《そがのめいのいらつめ》、阿倍橘娘《あべのたちばなのいらつめ》、蘇我常陸娘《そがのひたちのいらつめ》の四人を伝え、宮人に五人の娘《いらつめ》の名があるが額田王の名はない。

額田王の父は「鏡王」と伝えられているが不明である。折口信夫は『折口全集』の「額田姫王」で、

琵琶湖の東岸、現在の滋賀県の野洲《やす》郡と蒲生《がもう》郡との境を成す「鏡山」の神を祭る家柄だったろう。

としている。

万葉の時代の「紫」

紫を詠んだ『万葉集』の歌十八首のうち、残る十六首にも、紫色を色彩として具象的に詠んだ歌はない。その中で「紫は灰指すものぞ……」が、唯一、具体的といえる。

託馬野《つくまの》に生《お》ふる紫草衣《むらさききぬ》に染《し》め
いまだ着《き》ずして色に出《い》でにけり　（巻三・三九五）

韓《から》人の衣《ころも》染《し》むとふ紫の
情《こころ》に染《し》みて思ほゆるかも　（巻四・五六九）

紫の絲をそわが搓《よ》るあしひきの
　山橘《やまたちばな》を貫《ぬ》かむと思ひて　（巻七・一三四〇）
紫の名高《なたか》の浦の真砂子地《まなごつち》
　袖のみ觸《ふ》りて寝ずかなりなむ　（巻七・一三九二）
紫の名高の浦の名告藻の
　磯に靡《なび》かむ時待つわれを　（巻七・一三九六）
紫草の根《ね》延《は》ふ横野の春野には
　君を懸《か》けつつ鶯鳴くも　（巻十・一八二五）
紫《むらさき》の名高の浦の靡《なび》き藻《も》の
　心は妹《いも》に寄りにしものを　（巻十一・二七八〇）
海柘榴市《つばいち》の八十《やそ》の衢《ちまた》に立ち平《なら》し
　結びし紐を解かまく惜しも　（巻十二・二九五一）
紫の帯の結びも解きも見ず
　もとなや妹に恋ひ渡りなむ　（巻十二・二九七四）
紫のわが下紐《したひも》の色に出でず
　戀ひかも痩せむ逢ふよしも無み　（巻十二・二九七六）
紫の綵色《しみ》の蘰《かづら》のはなやかに

今日見る人に後恋ひむかも　　（巻十二・二九九三）

紫草《むらさき》を草と別《わ》く別《わ》く伏す鹿の
野は異にして心は同じ　　（巻一二・三〇九九）

紫は灰指《さ》すものぞ海柘榴市《つばいち》の
八十《やそ》の衢《ちまた》に逢へる児や誰《たれ》　　（巻十二・三一〇一）

紫草は根をかも竟《を》ふる人の児の
心《うら》がなしけを寝を竟《を》へなくに　　（巻十四・三五〇〇）

……さ丹《に》つかふ　色懐《なつか》しき紫の　大綾《おおあや》の衣《きぬ》……　　（巻十六・三七九一）

紫の粉潟《こがた》の海に潜《かづ》く鳥
珠潜《たまかづ》き出でばわが玉にせむ　　（巻十六・三八七〇）

『伊勢物語』の「紫」

『伊勢物語』は成立年代に諸説があるが、長期にわたり多くの人の手を経て十世紀半ばに、現在のような形になったとおもわれる。内容は和歌を中心とした約一五〇からなる短編集。『伊勢物語』の名は、伊勢の斎宮との交わりを語る段があるため。在原業平《ありわらのなりひら》を主人公にしたと思われる部分が多く「在五中《ざいごちゅう》将《じょう》日記」、「在五の物語」ともいわれる。元服したばかりの若者が、春日の里に狩りに行き、美しい姉

妹を垣間見て、

春日野の若紫の摺り衣
しのぶの乱れ限り知られず

と恋の歌を贈ったところにある。

『伊勢物語』には、もう一つ姉妹の物語がある。一人は身分の低い貧しい男に、もう一人は高貴な男に嫁いだという。そして貧しい男に嫁いだ女が、十二月の晦日《みそか》に参内用の表着を洗っていて破いてしまい、途方にくれていると、高貴な男が新しい表着を贈ろうといって、

紫の色こき時は目もはるに
野なる草木ぞわかれざりける

と詠んだ歌が『古今和歌集』（巻十七・八六八）にある。歌意は、いとしい自分の妻との縁につながる人を、見捨てることはできないという「心」からである。このことから紫が「ゆかりの色」とされていることが知られる。この歌のあとに「武蔵野の心なるべし」とある。これが『古今集』（巻第十七・八六七）に伝えられ、

紫のひともとゆえにむさし野の
草はみながらあはれとぞみる

と、歌の心を詠んでいる。

『源氏物語』の「紫」のゆかり

紫といえば『源氏物語』の作者の紫式部を連想する人は多いであろう。『源氏物語』は平安時代の長編小説。作者の紫式部については、生年も本名もわかっていない。しかし、式部の父は堤中納言兼輔の孫の式部丞《しきぶのじょう》藤原為時であり、母は藤原為信の女である。兄と姉があったが、どちらも式部の結婚前に死んでいる。弟は常陸守惟通《のぶみち》と、三井寺の定暹《じょうせん》とがあった。

紫式部の「紫」の由来は明らかでないが、「式部」は父の官名によるとされている。

紫式部には『源氏物語』のほかに、『紫式部日記』、家集の『紫式部集』がある。式部は少女の頃から記憶力がよく、聡明で、父が兄の惟規《のぶのり》に漢籍を教えているのを傍らで聞いていて、式部のほうが覚えてしまったので、父は式部をさして、「この子が男でないのが残念だ」といったと、式部は後年『紫式部日記』に書いている。

紫式部が結婚した相手は藤原宣孝《のぶたか》。宣孝にはすでに五男があったので、式部との結婚は再婚である。結婚の翌年一女賢子を生んだ。賢子は大弐三位《だいにのさんみ》の名で後冷泉天皇の乳人《めのと》として仕えた。式部は足かけ三年の結婚生活の中で夫・宣孝を亡くし、寡婦となってから、上東門院彰子に仕える女房として宮中に入った。

若紫、そして紫の上

『源氏物語』は「いづれの御時にか……」で始まるが、それは一千年昔の日本の都・平安京で、そこに住む貴族社会の人々が登場人物である。とくに紫にゆかりの深い、藤壺の女御と紫の上という二人が中心となり、この紫ゆかりの物語も、「若紫」が発端であろう。

あるとき、源氏は病気治療のお加持《かじ》を受けようと、北山の聖《ひじり》のもとに行く。その山中の僧坊で女の姿を認め、垣根のもとに佇んで垣間見ると、尼君がお経を読み、かわいい姫君が雀を追って出てきた。その面ざしは、源氏が思慕の情を寄せる藤壺女御そのままであった。

藤壺は、源氏の義母にあたる。藤壺は、桐壺が病で若死したあとに帝に迎えられたのである。帝は光源氏を伴って藤壺宮の部屋を訪れ、二人に向かって「この人を母とも思え、子とも慈しんでくれ」といった。源氏は、若く美しい藤壺に思慕の情が湧く。

源氏は北山の山中で垣間見た姫君を自邸に引き取って、大切に育てる。この姫君が、後の「紫の上」

である。源氏は手習いのための紫の紙に、

知らねども武蔵野といへばかこたれぬ
　よしやさこそは紫のゆへ

という古歌を書き、さらに

ねは見ねどあはれとぞ思ふ武蔵野の
　露わけわぶる草のゆかりを

と、さらに自分の歌を小さく書き添えた。

「ね」は「根」と「寝」をかけている。「草のゆかり」は、紫草のことで、逢いがたい藤壺女御を想っているのだ。

「紫」は凜として個性的

『万葉集』『伊勢物語』『源氏物語』と読み進むと、紫の色の持つ気高さ、気品、憧れが連想される文芸作品だと認識される。

その紫色を生み出す紫草に「匂う」が枕言葉として使われるが、実際の紫草の花には香りがない。紫色には紫草の根を使うが、根を掘り出した直後でも、他の一般の植物と同様に「土」の匂いがするだけであり、また、植物独特の匂いがするだけである。紫色から連想する「香り」はない。私自身も紫草を知らなかったときは、紫草の匂いに期待したが、その期待は裏切られたのである。

しかし、紫草の根の色素には「ゆかり」を感じた。紫草の根を保存するには陰干しにして充分に乾燥し、長く保存するにはビニール袋に入れて冷凍庫に入れる。するとビニール袋や標示のために入れていた紙が紫色になる。が、染めた色とは違う。

以前、東北地方で聞いた話がある。紫根を掘り出すのは地上の茎が枯れた十一月頃なので、山野の自生地で紫根を探し出して、掘り出すのは大へんなことだと思われたが、かつて根を掘り出した人によると、

「紫草の生えていたところは、土の色が暗赤色をしているからわかる」

と、いうことであった。

紫を「ゆかりの色」とされるのも、この辺のことによるのであろう。花は小さく可憐で、薄《すすき》や茅《かや》に寄り添うように繁殖するが、実際は少しずつ自分の周囲を、自分の色彩に染めていくのであった。また、染まった同志は縁として生き続けるのであった。

紫式部が『源氏物語』で書きたかったのは、源氏ゆかりの高貴な人々の暮しであり、そしてもっとも

人間として大切な「人を恋ふる心」を、そのゆかりに見出していたのではなかったろうか。とすれば、紫式部の「紫」は、天然染料としては得難く、稀少価値の尊ばれる色であり、高貴なイメージをもつ紫を、宮廷文学を書くのにもっともふさわしい自分の「イメージネーム」として使ったのではないだろうか、と、私は思うのであった。

紫の色が遠い昔から今日まで、人の心をとらえてはなさないのは、紫色が花などのほかに自然界に存在しない色であり、染料として使うとき、独特の深みや味わいを生み出しているからである。それは仄《ほの》かに、匂うように、私たちの心に迫ってくる美しさがあるからであろう。

と、ここまで書いてこの項を終わるとき、突如として閃くものがあった。それは私が染色研究家であることによる。

『源氏物語』は、最も素晴らしい、この上なく面白い恋愛小説で、しかも芸術作品である。恋愛小説には男性と女性が必要だが、恐らく紫式部は男性を「青」に、女性を「赤」にし、眩《めくるめ》く命と本能を青と赤に設定して絡《から》ませ、最終的には「紫」という色を生み出したのである。聡明な式部は、だから自分に「紫」を冠したのであろう。その点について『源氏物語』一（日本古典文学大系14　校注者　山岸徳平）の解説によれば、次のようである。

紫の由来は、明らかにし難い。しかし、袋草子巻四と河海抄《かかいしょう》巻首などには、1若紫を上手に書いたとか、2宮仕の時、一条帝が「わがゆかりの者だから」と仰せられたとか、3藤式部は幽玄でないから紫と改めたとか、伝説はいろいろある。「ゆかり云々」は、古今集巻十七、雑上にある「紫の一本故に武蔵野の草はみながらあはれとぞ見る」によっている。要するに、紫の由来は明確なことがわからない。

紫式部の邸宅跡に行く

「紫」の名の由来もわからないまま、紫式部の邸宅跡に行ってみたいと考えていた。その旧跡は、『源氏物語』の注釈書『河海抄《かかいしょう》』（巻第一）に、

旧跡は正親町以南、京極西頬《にしつら》、今東北院向也。此院は上東門院御所の跡也

とあるのが唯一の記事である。それまで私は京都のどのあたりであろうかと思っていたのだが、角田文衛氏によって、現在の廬山寺《ろさんじ》の境内全域だったと考証され、これが定説になった。廬山寺の現在の地番は、上京区寺町通広小路上ル北之辺町である。

寺町通りを北へ向かって歩き、丸太町通りを横切り、さらに丸太町通りを北へ進むと道の西側は御所

廬山寺

下：廬山寺境内にある紫式部の歌碑

めぐり逢ひて見しやそれとも分かぬ間に
雲隠れにし夜半の月かな　紫式部

ありま山猪名の笹原風吹けば
いでそよ人を忘れやはする　大弐三《だいにのさん》位《み》

がある。やがて梨木《なしのき》神社の横に出る。この神社の東側に京都府立医科大学の東築地で、静かな雰囲気である。盧山寺はこの隣りであった。

盧山寺の正式名称は盧山天台講寺で、盧山寺は通称である。慈恵《じけい》大師良源《りょうげん》が天慶《てんぎょう》元年（九三八）船岡山に創建した与願金剛院が盧山寺の始まりで、その後三百年ほどして盧山天台講寺と改め、天台の別院となり、元亀二年（一五七二）にこの地に移転したと伝えられている。本尊は聖徳太子作と伝えられている薬師如来で、大師堂には慈恵大師像が祀られている。

盧山寺がもっとも賑やかなのは、毎年二月三日の節分会《せつぶんえ》に行なわれる鬼やらいの行事だそうで、鬼の法楽とよばれている。その日の境内は観光客で立錐の余地もない程だそうだが、ふだんの盧山寺はひっそりとしている。私が訪ねたのは五月末で、青葉、若葉の美しい季節だったが、境内は静謐《せいひつ》であった。

千年の昔、紫式部は京都御所の東に寄り添うこのあたりで生をうけ、育ち、暮したのであろう。ここは紫式部の曾祖父である権中納言藤原兼輔《かねすけ》の邸宅であった。遠い昔、貴族の暮しがあった地で私はしばしの想いに耽るのだった。

王朝文化の紫の雅び

染めた色には、染めた人の人格が表れる

私は王朝の雅びのお話を聞きたいと、高田装束研究所の高田倭男さんをお訪ねした。

「わたしのところは、装束研究所としての仕事ですが、一般の人は装束を服装のことだけと解しているようですがね。しかし装束は「束ねる」という言葉に表現されているように、公家の家屋、調度、服装、輿車《よしゃ》など生活全般にわたる様式の統一性、調和を尊びましたから有職《ゆうそく》です。有職はそれらをすべて識っている人ということです。そうしたなかで、色について文字で書き表すことは、とても出来るものではないでしょう」

私は紫を中心にお話を伺いたいと、再度のお願いをした。が、高田さんはその「色」にこだわっていらした。

「色について、どれほど一生懸命に表現して書いたとしても、その色を見たことのない人には伝わりようがないですよ」

たしかにその通りである。

高田さんは研究所に所蔵している古い時代の貴重な染織品をテーブルの上に出して、私に次々と見せてくれる。

「古代の色の復元は、染色も同様ですが、可能な限りその当時使われた材質と、同種のものに染めて欲しいのです。ですから、当時存在しなかった縮緬や綸子で表すことは誤解を招きます。危険です」

と、少しの妥協もなく、しかも仕事に精通している凛とした姿が私に伝わってくる。

「これが茜で染めた真緋《あけ》です」

茜で染めた色が、このように深かったのかと、驚いて息を飲んだ。大化三年（六四七）に七色十三階の冠制が制定されたその服色は、紫につぐ色として真緋があったのである。

「これが紫です。うちで染めたもので、まだ仕上げをしていませんから、糸の持つ光沢が表面に表れていませんが」

と。紫といっても、どのような色をイメージするか、人それぞれであろうが、私は、ここまで深い紫の色を目にしたことがなかった。暗紫色というのか。暗赤紫色というのか。暗赤紫色といえば「赤」のイメージが強くなるが、赤味は見えない。深い、濃い紫色に「赤味」は内側深く潜んでいるのだ。

たしかに「色」を文字で表すのは不可能だと知った。高田さんは、〝だから書くのをお止めなさい〟と言わぬばかりであった。でも、知らない人たちに、少しでも書いて、何かの形で伝えるのが私の仕事であろう。

高田装束研究所を辞して、夕闇せまる道を歩きながら、さきほど見た真緋の色や深紫の色が、私の目の奥に焼き付いて離れなかった。

高田さんは、内蔵寮御用装束調進方高田家二十四代の当主で、先代の父上に就いて装束製作に従い、また正倉院宝物をはじめとする歴史的染織品、服装、調度等の復元、模造に携わっておられる。

「色を体得することだけでも、俄にできるものではありません。染めた色には、染めた人の人格が表れます。ですから染めは「術」だと考えています。が、ふつう草木染をしている人は「法」だけで染めているんですね。法とは、本やメモを片手に草木を材料に染めることですが、それで色は出るかも知れませんが、その色に人格が投影されているでしょうか」

高田さんの重い言葉を反芻しながら、暮れなずむ道を歩いた。

高位を占める不変の色・紫

古代にあっては、衣服の色によって位階を示す法制上の厳しい規定がもうけられていた。それは用いられる地質についての規定と関係していたのである。

私は古代貴族の衣生活の、とくに紫について調べ、ここに記したいとおもう。

先進文化国家である中国から学んだ理想としての律令制と変動する社会、厳格な服装の規定と推移する現実の衣生活、制度と時代の感覚や好みの相剋、そこから新しく生まれる様式。それはどのように受け継がれたのか。

やがて律令制の崩壊とともに、今までの規定は、宮廷人が心得ていなくてはならない規範としてとらえられ、有職といわれた知識、または教養の一部となったのである。

紫についての有職も、貴族階級にとっては、非常に重要なものの一つであったことはいうまでもない。

聖徳太子は推古天皇の摂政となって、六〇三年に冠位十二階を定め、翌年には憲法十七条を発布し、第一回の遣隋使として六〇七年に小野妹子《おののいもこ》を隋に渡らせ、大陸文化の摂取をはかった。また、仏教の興隆にも力を尽くした。

冠位十二階は冠がそのまま位を表すのでこの制度を冠位制度といい、その冠を位冠という。徳・仁・礼・信・義・智の六つの儒教の徳目を冠名とし、それぞれを大小に分けて十二階としたもので、各冠にはそれぞれ色が決められた。これは功績によって昇進しうるもので、姓《かばね》（古代氏族が称した世襲の称号）のように固定したものではなかったので、門閥の打破、人材の登用に便であった。ただし、その施行範囲は畿内（大和、山城、摂津、河内《かわち》、和泉《いずみ》の五国）に限られていた。この畿内は、調は諸国の半分、庸は全免という特典があり、また律令政府の貴族のほとんどはこの地の出身であった。

十二階の冠位の色は紫、赤、青、黄、白、黒の順で、中国古代の考えで、陰陽五行説によったものである。赤以下の五色を正色とし、それらを総括するものとして、徳の位階に高貴な色の紫をあてた。これは冠のみでなく、上着もそれと同じ色を用いた。このような制度が行なわれたということは、当時、相当な染色がなされていたことを物語っている。

日本で最古の紫染

奈良の中宮寺に蔵されている国宝『天寿国繍帳』(口絵参照)は、わが国でもっとも古い刺繍作品である。本来は縦一丈六尺(四・八メートル)、横四丈五尺(一三・五メートル)の大きなものが二帳あったといわれているが、現在、中宮寺に伝わっているのは、縦八八・八センチ、横八二・七センチの残片になっているので、全容を知ることはできない。が、この繍帳には百個の亀があり、一つの亀の背に漢字四字が繍いつけられ、計四百字の文字が記されていた。今になるとその全文もわからないが、『上宮聖徳法王帝説』に伝えられている。それによると、推古天皇二九年(六二一)辛巳歳十二月廿日聖徳太子の母王《ははぎみ》が亡くなられ、翌三十年(六二二)壬午歳二月廿二日太子亦期するが如く亡くなられたので、太子の妃 橘 大女郎《たちばなのおほいらつめ》が悲しみ嘆き、天皇の大前に畏みて、

啓《まう》すも恐《かしこ》けれども、懐《おも》ふ心やみ難し。大王は応《まさ》に天寿国に往生せられたであろう。今大王往生の状《さま》を画像に因《よ》って観たいものである。

と、発願せられた。天皇はこれを聞こしめし、いたみたまい、諸々の采女たちに勅して、繍の帷《とばり》二帳を造らしめられたのである。

下絵は東漢末賢《やまとのあやまけん》に描かせ、椋部秦久麻《くらべのはたくま》の監督によって采女らが刺繍したとされる。太子の出自や繍帳の制作経緯などが、亀の絵柄に文字で縫い込まれている。前記の『上宮聖徳法王帝説』に、

右在法隆寺蔵繍帳二帳、縫著亀背上文字也。

とみえるように、もと法隆寺に納められていた。鎌倉時代の文永一一年（一二七四）に、中宮寺の尼僧・信如が法隆寺綱封蔵《こうふうぞう》で発見。譲り受けて模本製作を志し、建治元年（一二七五）に模本を完成した。この建治の新繍ものちに破損し、現在に残る繍帳は、わずか縦横各一メートルほどの濃灰色の絹地に、残片を三段各二列に貼ってある。これは江戸時代になされたものである。

亀の背文字

口絵写真に見られるように、繍帳は左半三裂、右半三裂を中央で継いでいる。左上の裂に亀が二つ。右側の亀の背文字は「部間人公」と読めるが、左側の亀の背には「皇前日啓」とあったとされるが、はっきり読みとれない。この裂の左上に「月兎像」がある。

左中の左端に亀が見えるが、文字を読みとることはむずかしい。が、これも研究者が「伝是真玩」と読んでいる。

右半分の中央の裂に亀が見えていて、「于時多至」と読める。

一番下の二枚の裂は本来の基底部をなしているとみられ、おそらく太子や母王の在世中の生活を繍し表したものであろう。残片を集めて小さな一枚の状態にしたものだが、左上にある「月兎」は、もともと天上を表したもので、本来なら最上部を占めていたものとおもわれる。

中葉の左右と、右上の人物の顔の修復には白い裂を貼ったり、白粉を塗って目鼻を描いたものといわれている。

後世になってさまざまに修復されてきたが、この『天寿国繍帳』に描かれている人物の姿が、おおよそ当時の服装をあらわしていると考えられ、そのころ高度な染色が行なわれていたことを証明する重要な遺品である。

台裂にも修補が加えられ、羅や綾、平絹があるが、羅の地は飛鳥時代のものといわれている。この羅の地は国産ではなく舶載されたものと考えられているが、紫染は日本で行なわれたものといわれ、紫の遺品としては最古のものである。

このように繍帳の台裂は紫羅、紫綾、白平絹の三種であるが、紫羅地の刺繍は強撚糸の返し繍《ぬい》で、繍糸の欠落や染色の退色もほとんどないという。

飛鳥時代の采女たちによって、紫根で芯まで染まった絹糸を強く撚り、しっかりと繡い込んでいたことに、深い感動を覚える。

服制の変遷と紫

大化改新にはじまる律令制によって、さらに服制が整備された。孝徳天皇の大化三年（六四七）十二月に冠位十三階の制が定められ、儀式用の冠に七種の区別がつけられて織冠、繡冠、紫冠、錦冠、青冠、黒冠、建武冠といわれるものができた。その最高より三段六階は紫色で、次のようになっている。

織冠　織ヲ以テ之ヲ為シ、繡ヲ以テ冠ノ縁ニ裁ス。服色ハ並ニ深紫ヲ用フ。
繡冠　繡ヲ以テ之ヲ為シ、織ヲ以テ冠ノ縁ニ裁ス。服色並ニ織冠ニ同ジ。
紫冠　紫ヲ以テ之ヲ為シ、織ヲ以テ冠ノ縁ニ裁ス。服色ハ浅紫ヲ用フ。

このように、紫色は最も貴い色で、そのうち深紫は最高であった。服の色は深紫、浅紫、真緋、紺、緑と定められ、冠の色と別になったのである。

つぎに天武天皇十一年（六八三）に冠による位階の区別を廃して、冠の色を黒一色にして漆紗冠《しっしゃかん》を用い、位階は服色によって表すことにした。朝廷に出仕するさいに着用する朝服《ちょうふく》（役人が朝廷に出勤するときに着た公務服）の上衣を朱華《はねず》、深紫、浅紫、緑、葡萄《えび》（赤紫の薄い色）と定めた。

ついで持統天皇四年（六九〇）に黒紫、赤紫、緋、緑、縹と改められた。

大宝一年（六九七）に大宝律令が成り、翌年頒布。大宝令の中に衣服に関する条項があって、それを衣服令と呼んでいる。衣服令では宮廷における儀式、参朝、公事などの場合に、有位の者、無位の者と分けて着用する服装を規定しており、衣服の色についても区別している。

次に紫を中心に記す。

礼服《らいふく》は、五位以上の高位の者が儀式にさいして用いる服装。礼冠、衣、褶《ひらみ》、条帯、綬、玉佩、白袴、襪《しとうず》（指の股のない足袋）、舄《せき》（皮製で爪先が高い履物）、牙笏という構成である。このうち紫色のものは、皇太子の紗褶が深紫と決められ、礼服の衣の色について親王と臣下の一位は深紫、臣下の二位と三位の者は浅紫とされた。腰にさげる袋《たい》は衣の色と同色とし、その緒は臣下の者は紫と緑の配色によった。

文官の朝服は頭巾、衣、白袴、腰帯、白襪、履、笏、袋という構成で、衣の色は五位以上は礼服と同じ、従って親王と臣下の一位が深紫、二位と三位が浅紫で、袋も衣の色と同じ、袋緒は礼服のそれと同じである。

制服は、無位の者、または庶民が公事に服するときに着用する。男子はまったく紫を使うことは許されない。女子は宮人の身分の者に限り、紫色を少々なら使うことができたが、庶民の女子はまったく使うことは許されなかった。

衣服令によると当色《とうしき》（位階相当の色）は黄丹、紫、緋、緑、縹である。なお白は天皇、黄丹は皇太子、紫は親王、諸王や臣下の三位までの者の色で、紫草で染めるのは紫のほか葡萄である。

このように衣服令の条文を読むと、当時は服色による社会的な意味が大きく、中でも紫色が使えるか使えないか、その紫色の深浅の別に意味があったことがわかる。

なお、服装ではないが、装束の一つとして蓋《きぬがさ》についても規定があった。蓋とは、貴人のために日陰をつくる絹をはった笠で、威儀の具の一つである。

儀制令によると、皇太子の蓋は紫の表、蘇芳の裏、頂上と四隅に錦をつけ、総《ふさ》を垂らすとしている。親王は紫地の大きな文様染のもの。一位は深緑、三位以上は紺、四位は縹とし、一位までのものには頂上と四隅に錦をつけ、総を垂らすとし、二位以下は錦をつけるのみと定めている。

蓋でも紫は高位の者の料となっている。

縫殿寮の染用度の紫

すでに前にも述べたが、『延喜式』によれば、宮中の年間に要する諸布の染色の料として、紫草を栽培する地に課して紫根を上納させた。その年間所要紫根の総料は二万二百斤であった。そのほかに出雲国と太宰府が定められ、九州の諸国の生産は太宰府に納められたのである。

紫根上納の国別と料	
甲斐国	八百斤
相模国	三千七百斤
武蔵国	三千二百斤
下総国	二千六百斤
常陸国	三千八百斤
信濃国	二千八百斤
上総国	二千三百斤
下野国	一千斤
	合計二万二百斤

出雲国	一百斤
太宰府	五千六百斤

大宝令の税法によれば、紫草（紫根）、紅花、茜などが調庸として定められていた。これらの調庸の納期は、近国は十月三十日、中国は十一月三十日、遠国は十二月三十日までに納めることになっていた。ところが紫根の採取は紫草の地上の茎の部分が枯れる秋に採取する。そのうえ、下野国からは陸路三十四日、武蔵国は同じく陸路二十九日と、都まで約一ヵ月を要した。そのため都に着荷して染色にかかるには、二月一日に始まり、五月三十日に染め終ることになっていた。

紫根は採取してから、あまり日が経たないうちに使用するほうが色素の浸出がよく、色も鮮明とされていることから、紫根に限っては荷が着くと、ただちに縫殿寮にまわされ、染色作業が始まったと考えられる。

襲《かさ》ねの美

平安時代になって発展した朝服は、男子は束帯、女子は裳《も》・唐衣《からぎぬ》、女房装束（俗に十二単といわれる）と呼ばれ、色彩の組み合わせの美しさを重んじるようになった。衣服の表地と裏地の配色のほか、襲ねの衣のそれぞれの色の組み合わせを襲ね色目と称し、身近で親しみのある自然の風物にならって雅びに呼んだ。

紫色の糸を用いて織ったものには、

紅　梅　（経《たて》紫、緯《ぬき》紅）
濃　色　（経紫、緯濃紫）
赤　色　（経紫、緯蘇芳）
紫緯白《ぬきじろ》　（経紫、緯白）
葡萄色　（経蘇芳、緯紫）
薄　色　（経白、緯紫）

などがある。

また襲ね色目に紫を用いたものには、

〔春〕
桜重《かさね》（表白、裏赤または濃紫）
白躑躅《しらつつじ》（表白、裏紫）
岩躑躅《いわつつじ》（表紅、裏紫）
藤重（表紫、裏薄紫）
白藤（表薄紫、裏濃紫）
菫《すみれ》菜（表紫、裏濃紫）
壺菫《つぼすみれ》（表紫、裏薄青）
〔夏〕
楝《あふち》（栴檀《せんだん》）（表薄紫、裏青）
葵（表薄青、裏薄紫）
薔《そう》薇《び》（表紅、裏薄紫）
韓撫子《からなでしこ》（表紫、裏紅）
夏萩（表青、裏紫）
〔秋、冬〕
萩重（表薄紫、裏青）

萩花重　（表紫、裏薄色）
藤　袴　（表紫、裏紫）

などが見える。色を文字で表すのはなかなか大へんなことだが、このように植物名などを使って表すと、いくらか雅びな雰囲気が伝わるのではないだろうか。

古代の染料について

古代の染料について高木豊が化学的方法で調べた報告書（正倉院『書陵部紀要』）がある。それによると黄色は黄蘗《きはだ》（ミカン科）、刈安（イネ科）、櫨《はぜのき》（ウルシ科）、青色は藍（タデ科）、紫色は紫草（ムラサキ科）、赤色は茜（アカネ科）の植物染料が使用されていることが判明した。

古代染料としては『延喜式』の縫殿寮雑染用度にあるのは、櫨、紅、紫草、茜、蘇芳、梔子《くちなし》、橡《つるばみ》、刈安、藍、黄蘗が掲げられているが、正倉院の染料調査によると、紅、蘇芳、梔子、橡が検出されていない。使用されていないのではなく、紅と梔子は退色が早く、また蘇芳も変質しやすいためだそうだ。また、橡はタンニンを含むため長い年月の間に変質してしまい、染料を同定するのはむずかしいのであった。

『枕草子』に見る色彩の世界

清少納言について

『枕草子』を書いたのは清少納言という女性である。生没年は不詳だが、平安時代中期の女流随筆家で歌人。父は清原元輔《きよはらのもとすけ》で、祖父の深養父《ふかやぶ》とともに受領《ずりょう》（任地で行政に当たる守《かみ》または介《すけ》）で歌人でもあった。橘《たちばな》則光《のりみつ》と結婚。二人の子が生まれたが十年ほどで別れ、正暦四年（九九三）ごろ、一条天皇の中宮藤原定子《ていし》に仕えた。清少納言が『枕草子』を書いたのは、この定子に仕えていたときである。

清少納言にまつわる話に「香炉峰の雪」がある。雪の降り積もった冬のある日、中宮が「香炉峰の雪はいかに」とたずねたところ、並居る女房たちはその意味を解しかねていたが、清少納言は直ちに立って、中宮の御座の簾を巻き上げ、雪景色を御覧に入れたのである。これは唐の詩人の白楽天の『白氏文《はくしもん》集《じゅう》』にある詩の一句、

遺愛寺鐘欹枕聴香炉峰雪撥簾看

――遺愛寺の鐘は枕を欹《そばだ》てて聴き、香炉峰の雪は簾《すだれ》を撥《かか》げて看る

をふまえたものである。清少納言の教養の一端を語るものとして伝わっている。このように宮廷生活の事件を回想した部分や、自分の感想を述べた部分があるが、装束についても書かれていて面白い。『源氏物語』とともに、『枕草子』も平安女流文学の最高作品である。

『枕草子』に見る色彩美

『枕草子』の書き出しに、

春はあけぼの。やうやうしろくなり行く、山ぎはすこしあかりて、むらさきだちたる雲のほそくたなびきたる。

と、歯切れよく、春の余情を表現している。しかも「しろく」「あかりて」「むらさきだちたる雲」と、色彩感覚が素晴らしい。『枕草子』を読み進むと理解できるのだが、そのような色彩を日本の春夏秋冬の四季に、自然の風物と相俟って表現し、さらに装束の色目や上﨟の人たちの襲ねの色目が、簡潔に書かれていて興味深い。この項では、そうした色彩について述べてみたい。

冒頭の「むらさきだちたる雲」は、「紫雲」である。紫色の雲のことで、吉祥なるときにたなびくといわれている。春のはじめの縁起のよさを表現しているのである。

私は岐阜県の山中で、波のように重なり連なる山々の、遠近それぞれの山の端《は》が線となって浮き立ち、夜明けを告げるように空の一隅がしらみつつ、その山全体が紫雲に包まれているのを見たことがある。一月末の寒い季節だったが、その美しさに感動した。そのとき、ごく自然に「春はあけぼの……」と、『枕草子』の冒頭の一節が頭に浮かんだ。土地の人に聞くと、このように「紫だちたる雲」は、なかなか目にすることはないそうだ。気温や天候などが影響するからだという。

紫雲のついでに、字典を見ると、「紫」のつく熟語には縁起の良いものが多く、その熟語の数もまた多い。

紫宸《ししん》　天子のご殿。紫宸殿　唐の時よりこの名あり。わが国にて禁中の正殿、大礼の行わるる所にして南面す。
紫宮　天帝の居。又、皇居。
紫禁　皇居。紫禁城　皇城。王城。
紫匂《むらさきにおひ》　襲の色目。表は紫、裏は薄紫。
紫貝《しばい》　たから貝。

紫気　紫色の雲気。賓客朋友の至らんとすること。宝剣の精気。
紫馬　栗毛の馬。
紫《むらさきのゆかり》縁　愛する縁者。
紫塞《しさい》　万里の長城の異称。
紫羅《しら》　紫色のうすぎぬ。

平安時代の王朝の色彩

『枕草子』の文章表現が非常にカラフルなので、色彩について考えてみたいと、文中から適宜「色」を抜き出してみた。
ただ、色については、新井白石の談話として次のようなことが伝えられている。

色ノ文字ニナリテハ、詩人、文人ノ言ハ、何ノ益ニモ立タズ。例ヘバ天ヲ蒼天トモ云ヒ、青天トモ云ヒ、竹ヲ翠川トモ云ヒ、青竹トモ云。処々ニテ違フ。何トシテ違フト云訳ナシ。色バカリハ言ヲ以テハ伝フベカラズ。是レ此色ト見スルヨリ外ナシ。夫《そ》レ草木ノ色ハ、古今ノ変ナキモノナレバ、草花ノ色ヨリ外ハ、頼ミニシガタシ。

と、木下順庵が記しているが、まことにその通りだとおもう。色だけはどれほどの言葉を尽くしても、的確に表現することはできない。そのことを承知の上で、色彩について記してみたい。

青い色

青といっても、草の色、木の葉の緑、露草の花の色までも含んでいるし、人によって、色に対しての想いは違うので、いくら具体的にいっても色への想いが一致しているとは限らない。

『古事記』神代の巻に大国主命が、出雲より大和に上らんと旅装せられたときに、「蘇邇鳥《そにどり》の青き御《み》衣《けし》」という言葉がある。本居宣長は『古事記伝』に、「蘇邇鳥は鴗鳥にて、青きの枕詞である。神代の巻に翠鳥《そにどり》とも書いてあり、今の世にカハセミという小鳥である」と書いている。このことから、そのころの青い色というのは、カワセミの羽の色を指していた。翠鳥は「青」にかかる枕詞である。

青色の御袍を略して「青色」という。

平安時代の色目は『延喜式』にしたがって考えるのがよいとおもう。

○蔵人思ひしめたる人の、ふとしもえならぬが、この日青色きたるこそ、やがてぬがせでもあらばや、と覚ゆれ、綾ならぬはわろき。

——蔵人《くろうど》（天皇の側近に勤めた令外《りょうげ》の官）が、もっと出世したいと希いながらも、ようやくこの日、天皇御着用の麹塵《きくじん》の御袍《ほう》と同じ色のものを着用できたが、天皇は綾織であるため、綾織物は許されない。麹塵色とは青緑色で、青白橡《あおしらつるばみ》または青色といわれた。

○六位の蔵人の青色など着て、うけばりて遣戸《やりど》のもとなどに、

○心にまかせて着たる、青色姿などめでたきなり。

以上、前項とほぼ同じ。

○番の采女《うねめ》の青裾濃《すそご》の裳、

——青色で裾を濃く染め出したもの。

○二藍・葡萄染などのさいでの、

○薄二藍《ふたあい》、青鈍《あをにび》の指貫など、

○二藍の指貫《さしぬき》、直衣《のうし》、浅葱《あさぎ》の帷子《かたびら》どもぞすかし給へる。青鈍《あをにび》の指貫、しろき袴もいとすずしげなり。

○かうのうすものの二藍の御直衣、二藍の織物の指貫、濃蘇芳《こきすおう》のしたの御袴《はかま》に、はりたるしろきひとえのいみじう。

——二藍というのは、紅《くれない》と藍で染めた青味の紫色。葡萄《えび》染は浅い紫色。浅葱は薄青色。青鈍は青味の鼠色。濃蘇芳は紫味のある赤色。六月十日ごろで、「あつきこと世にしらぬ程なり」とあり、涼しげな色を身につけていたようである。「はりたる」は、糊をつけて張った衣服。

○青摺《あをずり》の唐衣《からぎぬ》・汗衫《かざみ》をみな着せさせ給えり。

——青摺は、山藍（トウダイグサ科）の葉を摺って模様を染め出した。唐衣は女官が礼装用に「表着《うはぎ》」の上に着用する。

紅

赤い色の染料は紅花と茜であるが、これに他の染材を加えた色もある。『延喜式』縫殿寮雑染用度に深緋《こきあけ》から赤白橡《あかしらつるばみ》がある。また、蘇芳《すおう》もある。

赤色の御袍を「赤色」という。赤色が禁色になったのは、「赤色の袍は天皇内宴に着御、太上皇尋常之を服《きたまふ》」とあり、このことを憚《はば》かって禁色となった。赤の色は黄味の濃い赤茶色。『源氏物語』に「赤き白橡」とある。

『枕草子』の文中に、「下衆《げす》のくれない」とあるのは身分の低い者の着る退染《あらぞめ》（極く薄い紅染）である。衣服令の制度による位袍の赤は、四位の袍は深緋《こきあけ》であり、五位は浅緋である。ともに緋であるが深緋は紫草が多量に使われているため、やや黒ずんでみえるが、浅緋のように茜だけで染めた色は赤色が鮮明である。

赤紐は文中に多く見られる。小忌衣《おみのころも》や青摺衣《あおずりのころも》の肩につける赤い飾り紐で緋紐とも書く。赤紐のつけ方は衣の袖付けの縫目の肩の上で、小忌衣は右の肩の上に付け、舞人の青摺衣は左肩につける。それは舞人は右肩を脱ぐことがあるからである。『枕草子』にも「……此度やがて竹のうしろから舞ひ出《い》でて、ぬぎ垂れつるさまどもの、なまめかしさはいみじくこそあれ」とあり、右肩を脱ぎ垂れている様子を記している。

くれない

○くれなゐの色、打ち目など、かがやくばかりぞ見ゆる。しろき、薄《うす》色など、下《した》にあまたかさなり。

○くれなゐの御衣《おんぞ》どもの、いふも世のつねなる袿《うちぎ》、また、張りたるどもなどをあまた奉りて、

○上は、白き御衣《ぞ》どもくれなゐのはしりたる。

○宮は、しろき御衣《ぞ》どもにくれなゐの唐綾《からあや》をぞ上《うえ》にたてまつりたる。

○あるかぎり薄鈍《うすにび》の裳・唐衣、おなじ色の単襲《ひとえがさね》、くれなゐの袴どもを着《き》てのぼりたるは、

――くれないは紅花で染めた赤色。「打ち目」は、砧で打って光沢を出した織物。薄鈍《うすにび》は薄い鼠色。

薄色とは、紅か紫の薄色を指すが、ここでは薄紫。

こき・うすき

濃き、薄きと呼称するのは紫と紅のみである。しかし、濃きまたは薄きというのは『枕草子』に限ったことではなく、平安時代以降はよく見る語ではある。

「薄色」といえば「薄紫」を指し、また「薄紅」を指す。

「濃き綾」「濃き単重」「濃き衣」とあるのは文中に九ヵ所あり、正しくは紅か紫か、どちらであろうかと考えるとおもうが、校注者も「濃き紅（または濃紫色）」としている。今になると厳密に分けて決定することはむずかしい。

ただ私は、暗紫色とでも呼びたいような濃い紫染や、暗赤色とでもいいたいような紅染を見たことがあるので、「濃き」といわれる色の深さに納得している。

色については、やはり見ていないものについては、わからないとしか、いいようがない。

この紫について、清少納言は『枕草子』の中で

花も絲も紙もすべて、なにもなにも、むらさきなるものはめでたくこそあれ。むらさきの花の中には、かきつばたぞすこしにくき。六位の宿直姿《とのゐすがた》のをかしきも、むらさきのゆゑなり。

と、紫の美しさを賛えている。

私は過日「神楽坂をどり」を見に行った。芸者衆の美しい〝をどり〟を堪能したが、とりわけ衣裳の色に圧倒された。その中で紫、とくに深紫の美しさに見とれた。紫はやはり深紫が美しいと、いまさらながら認識したのだが、次は深紅であり、黒であった。〝をどり〟の衣裳の色は、さまざまな演出によって決められたものであろうが、それにしても、「色」のもつ美しさには底力があった。

○　うへにはこき綾のいとあざやかなるを、いだしてまいり給へるに、

○　指貫のいと濃う、直衣《のうし》あざやかにて、色々の衣どもこぼし出《い》でたる人の、

○うへのきぬのこきうすきばかりのはじめにて、
○こむらさきの固紋《かたもん》の指貫《さしぬき》、しろき御衣《ぞ》ども、うへにはこき綾のいろあざやかなるをいだしてまいり給へるに、
○すそ濃《ご》、むら濃《ご》なども、つねよりはをかしくみゆる。
○ながき根《ね》にむら濃の組してむすびつけたるなど、元結のむら濃《ご》いとけざやかにて出《い》でゐたるも、薄色の御直衣《のうし》、萌黄《もえぎ》の織物の指貫、紅の御衣ども、
○いと濃《こ》き衣のうはぐもりたるを……

——「こき綾」は、前後の文からすると紅であろうか。指貫のいと濃うは、紫であろう。
——こきうすきばかりのけぢめは、校注によれば、紫や紅の濃淡の区別があるばかり、とある。いと濃き衣《きぬ》も、紅か紫か？　決定しがたい。

葡萄染《えびぞめ》

紫根で染めた薄い紫色をいう。『令義解《りようぎのげ》』の註に「紫色之最浅者也」とあることから、「薄き」より更に薄い色であることがわかる。

「桜の直衣、いみじく花ばなと、裏のつやなど、えもいわずけうらなるに、葡萄染のいと濃き指貫に、藤の折枝、ことごとしく織りみだりて、紅の色、打ち目など、かがやくばかりぞ見ゆる」には、「葡萄染のいと濃き」とあり、指貫は濃い葡萄染である。「薄き」とどの程度の違いがあるのだろうか。

○二藍《ふたあい》・葡萄染《えびぞめ》などのさいでの、おしへされて草子《さうし》の中などにありける見つけたる。

――二藍は紅《くれない》と藍で染めた浅い紫色。葡萄染は紫根で染めたごく薄い紫色。「さいで」は、布を裁ったときに出た余り切れのこと。裁ち切れ。

○むかしおぼえて不用《ふよう》なるもの、繧繝縁《うんげんばし》の畳《たたみ》のふし出《い》で来《き》たる。唐絵《からゑ》の屏風の黒み、おもてそこなはれたる。絵師《ゑし》の目暗《めくら》き。七、八尺の鬘《かづら》のあかくなりたる。葡萄染《えびぞめ》の織物《おりもの》、灰《はい》かへりたる。色好《いろごの》みの老《お》いくづほれたる。

――「むかしおぼえて不用なるもの」は、昔は重宝して懐かしいが、今は役に立たなくなったもの、の意。「繧繝縁《うんげんばし》の畳……」は、繧繝縁《うんげんべり》、つまり繧繝錦《にしき》でつくった畳の縁《へり》で、上等な畳に使う。赤地に藍、紫、浅黄《あさぎ》色などで花形や菱形などを織り出した織物。「葡萄染の織物、灰《はひ》かえりたる」について。葡萄染は紫色のごく淡い色だが、葡萄染の織物は経糸が蘇芳、緯糸は紫で織ったものをいう。この織物が「灰かえりたる」とあることから、退色したことを指す。葡萄染は椿の灰を使って媒染することから、色が褪《あ》せることをいう。

萌黄《もえぎ》、香染《こうぞめ》、蘇芳

萌黄《もえぎ》は萌葱とも書く。色は黄緑色。藍で下染して、刈安で染め重ねる。

香染は丁子《ちょうじ》の煎汁で染めた、黄色味に赤味のあるもの。香染の僧衣を香衣《こうえ》といい、香の法服、香の袈裟などという。

蘇芳は紫味のある赤色。文武天皇大宝の令制に、袍を此色に染めて、諸王五位以上、諸臣三位着用することとなり、『延喜式』には諸王以下参議以上、非参議、三位者用、後世は五位の着用することとなった。

○　宮のかたより、萌黄の織物の小袿《こうちぎ》、袴《はかま》おし出《い》でたれば、三位の中将かづけ給ふ。

——萌黄の染め色は黄緑色だが、これは織物。宮（中宮）の方より、三位の中将に与えた。「かづけ」は、使者に緑を与える作法で、褒美《ほうび》の品の衣服を肩に掛けて与えるので、「被らす」という。

○　紅梅《こうばい》の固紋《かたもん》・浮紋《うきもん》の御衣《ぞ》ども、くれなゐのうちたる、御衣《ぞ》三重《みえ》が上《うえ》にただひき重《かさ》ねて奉《たてまつ》りたる、

○　紅梅《こうばい》には濃き衣《きぬ》こそをかしけれ。え着《き》ぬこそくちをしけれ。いまは、紅梅は着《き》でもありぬべしかし。されど、萌黄《もえぎ》などのにくければ。くれなゐにあはぬかしなどのたまはすれど、ただいとぞめでたく見えさせ給ふ。奉る御衣《ぞ》の色ことに、やがて御かたちのにほひあはせ給ふぞ、なほことよき人も、かうやはおはしますらん、ゆかしき。

——紅梅は襲《かさ》ねの色目であり、襲ねの項で書くべきかもしれないが、次に続く文章から考えてここに書く。

紅梅の襲ねは表紅、裏紫である。

固紋《かたもん》は糸を固く締めて文様を織り出したもの。浮織は糸を浮かせて紋様を織り出したものである。

装束は紅《くれない》で、砧で打って光沢を出したのを、袿三枚の上に重ねて召しておられた。「紅梅には紅の

濃い打衣がよく合いますね。でも、それが着られないのは残念です。今の季節は紅梅は着ません（紅梅は十一月から二月までの着用とされる決まりがある）。でも萌黄は紅には合いませんね」と、いうのである。

襲ね色目

大宝令には衣服に当色《とうしき》（官位相当の服色）の制があった。一位は深紫、二位、三位は浅紫、四位は深《こき》緋《あけ》、五位は浅緋《あさきあけ》、六位は深緑、七位は浅緑、八位は深縹、初位は浅縹の袍をつけたのである。その大宝令に服色は白、黄丹、紫、蘇芳、緋、紅、黄橡《きつるばみ》、纁《そひ》三染ノ絳也、葡萄《えび》紫色之最浅者也、緑、紺、縹、桑、黄、摺《すりぞめ》、蓁《はりぞめ》、柴《しばぞめ》、橡《つるばみ》櫟木ノ実也、墨《すみぞめ》と、十九の色目がある。これらは草木にゆかりの名である。これらの色が、やがて奈良朝時代の服飾となって受け継がれていく。

染料の材料となる草木は、そのまま色名となっていて、草木の名を聞けば、おおよその色を連想することができる。

大宝令は男子だけでなく、女子にも当色があった。そればかりか裳《も》は位袍のように単一色ではなく、一位の女官は蘇芳、深紫、浅紫、深緑、浅緑の五色入り交った纈《ゆはた》（絞り）であり、それ以下もそれぞれ色交りの纈であった。

美しい色彩に対する感覚は繊細となって、色と色との調和によって生ずる色調を尊ぶようになり、四季折り折りの草木の花々と重ねあわせて、衣服として着るよろこびを生み出した。これが襲ね色目である。

「襲ね色目」は、このように上下二領の衣を重ねたことによって起こったのである。男子では下襲《したがさね》、直衣、狩衣の表と裏の色の配合だが、女子は唐衣《からぎぬ》、袿の表と裏の色の配合、また、表衣、五ッ衣（重袿）、単衣などの上下の重なった色の配合などである。織物では、経糸と緯糸の色の配合もある。この襲ね色目には季節によって色目の組み合わせのきまりがあり、複雑で種類が多い。

○桜の直衣《のうし》に出袿《いだしうちぎ》して、まらうどにもあれ、御せうとの君たちにても、そこちかくゐて物などうちひたる、いとをかし。

○桜の直衣《のうし》のすこしなよらかなるに、

○桜の直衣のいみじくはなばなと、裏のつやなど、えもいはずきよらなるに、

○桜の汗衫《かざみ》、萌黄・紅梅などいみじう、

――桜の襲が多く出てくる。桜は襲の色目で、表白、裏赤または濃紫など。

「桜の汗衫《かざみ》」は桜襲ねの汗衫に萌黄や紅梅の衣を重ねて着ている。汗衫は汗取りの衣のことだが、藤原時代以降は童女の礼装になった。丈が長く裾を引いているのが特長である。

○しろき衣《きぬ》どものうへに、山吹《やまぶき》・紅《くれない》などを着《き》たる。

――白い下着類の上に、山吹の襲ね（表赤朽葉または朽葉、裏黄）を着ている。紅の衵《あこめ》は表衣とはだ着の間に着る衣の総称である。

襲ね色目（襲ね色目は数多くあるが、ここにはその一部を記す）

春 名称	春 表	春 裏	夏 名称	夏 表	夏 裏	秋・冬 名称	秋・冬 表	秋・冬 裏
梅	白	紫 又は二藍	卯の花	白	青 又は萌黄	楓紅葉	薄青	薄黄
紅梅	紅	紫 又は蘇芳	藤	薄紫	青 又は青朽葉	萩	薄紫 又は紫	青 又は薄紫
青柳	濃い青	赤 又は濃紫	楝《あふち》（梅檀《せんだん》）	薄紫 又は青	青 又は薄紫	花薄《はなすすき》	白	薄縹
柳	白	青 又は萌黄	葵《あほい》	薄紫 又は青	青 又は薄紫	藤袴《ふじばかま》	紫	紫
桜	白	赤 又は濃紫	薔薇《そうび》	紅	薄紫	桔梗《ききょう》	二藍 又は縹	青 又は縹
躑躅《つつじ》	蘇芳	青 又は紅	夏萩	青	紫	紫苑《しおん》	薄紫 又は紫	青 又は紫
藤	紫	薄紫	菖蒲《しょうぶ》	青 又は白	濃紅梅 又は紅梅	菊	白	薄紫 又は紫か青
菫《すみれ》	紫	濃紫	撫子《なでしこ》	紅梅	薄紫 又は青	鴨頭草《つきくさ》	縹	薄縹
壺菫《つぼすみれ》	紫	淡青	牡丹	白	紅梅	葡萄《えび》	薄紫 又は紫	縹 又は赤
山吹	赤朽葉 又は朽葉	黄	百合	赤	朽葉	松	萌黄 又は青	紫
早蕨《さわらび》	紫	青	花橘	赤朽葉	青	椿	蘇芳	赤
						残りの菊	黄	薄青
						枯野	黄 又は香色	薄青 又は青

○扇《おうぎ》よりはじめ、青朽葉《あをくちば》どものいとをかしう見ゆるに、
——青朽葉は襲の色目で表青、裏朽葉を。織物では経糸青、緯糸黄をもいう。

○すさまじきもの、昼ほゆる犬、春の網代《あじろ》。三、四月の紅梅《こうばい》の衣《きぬ》。
——「すさまじき」は、あまり好ましくないものの意。紅梅襲（表紅、裏紫または蘇芳）だが、十一月ごろから二月ごろまで着るもので、三、四月に着るのは季節感を無視しているのでよろしくない、という。

○御使《つかひ》に、しろき織物の単《ひとえ》、蘇芳《すはう》なるは梅なめり。
——蘇芳色に見えるが、「梅」襲ね（表白、裏紫または二藍）であろうか、といっている。

○藤・山吹など色々このましうて、あまた小半蔀《こはじとみ》の御簾《みす》よりもおしいでたる程、
——藤も山吹も襲ねの色目。藤は表紫、裏薄紫、山吹は表赤朽葉または朽葉、裏黄である。小半蔀とは、清涼殿北廊にある小型の御簾のこと。

生地のこと

色の使い方には位階によってきまりがあったが、織物についてもきまりがあった。綾織物は天皇の御着用である。綾織物に織り出した絹で、固地綾と綾地綾があった。「綾ならぬはわろき」と文中にある。

○うるはしき絲のねりたる、あはせぐりたる。

――「練る」は、生糸《きいと》の表面をおおっているセリシンを除き、絹の光沢になめらかさを出すこと。現代では精練《せいれん》という。

○生絹《すずし》のひとへなどきたるも、狩衣《かりぎぬ》のすがたなるも、

○生絹《すずし》の単《ひとへ》のいみじうほころびたえ、はなもかへりぬれなどしたる、

――「生絹《すずし》」は、練り絹に対しての糸の状態で、練らない生糸で織った布なので、軽くて薄いので夏衣に適している。『枕草子』では各所に見える。

○やせ、色くろき人の、生絹《すずし》の単着《ひとへき》たる、いと見ぐるしかし。

――瘠《や》せて、色の黒い人の生絹《すずし》の単衣は似合わないという。

紫綬褒章の源《みなもと》をたずねて

金印出土の志賀島へ

金印とは、天明四年（一七八四）二月二十三日に志賀島村（現・福岡市東区）の百姓甚兵衛によって発見された、「漢委奴国王」と刻印された金の印である。

私は二十年ほど前に志賀島に行き、金印出土の場所を見学している。そのときは、学校の生徒たちと一緒で、肥前街道を長崎まで旅した。今回ふたたび志賀島に出掛けたのは、金印出土にまつわる新しい発見があったわけではない。この原稿を書くために、あらためて志賀島に行き、三日ほど前に帰京した。それは、現在の志賀島の空気に触れたかったためだが、これが私の取材に対する姿勢であるとともに、旅の醍醐味でもあるのだ。

志賀島は、博多湾に腕を突き出したように細く伸びた海の中道（砂嘴《さし》＝トンボロ）の先端の、周囲一二キロの小さな島である。この島が本土とつながったのは、昭和六年（一九三一）に全長二〇五メート

志賀島行の船着き場
（博多港）

ル、幅五メートル、高さ五・五メートルの志賀島橋が架けられてからのことであった。以前はこの橋をバスで渡って行ったが、今回は船で行った。

博多の埠頭《ふとう》から市営渡船に乗って約三十三分。波静かな湾内を船が進むにつれ、細長い陸地と橋で繋がれた島が目の前に迫ってきた。船から島を眺めながら、なぜ「金印」がこの島に埋まっていたのか、不思議な気持が湧いてきた。が、このことについては多くの研究者が発表しているので、そちらに任せることにする。

「金印」発見の場所に立って

金印が発見された場所は、志賀島の叶ノ崎《かなのさき》という海辺の地である。ここに「漢委奴国王金印発光之処」と刻された記念碑が建っている。その碑文は次のようである。

天明四年二月二十三日、志賀島村ノ農甚兵衛、沿田ノ溝ヲ修ス、地下ニ石匣アリ、金印一顆ヲ蔵ム、之ヲ郡庁ニ致ス、鑠（金属

「漢委奴国王金印発光之処」と記された記念碑

を溶かすこと）シテ以テ兵飾ト為サントノ議アリ、印ハ漢委奴国王ト鋟（印刻のこと）ス、亀井南冥観テ百金ニ換ヘント請フ、吏驚キ、状ヲ具シテ藩府ニ上ル、南冥為ニ金印弁ヲ著シ、以テ其後漢書載スル所ノ光武帝中元二年委奴国王ニ貽リシ金印ナルコトヲ証ス、事是ヨリ喧伝セラル、惟フニ従来多ク委奴国ヲ以テ怡土国王ナリト解セシカ、近年学者委ノ奴国ト釈スルニ至レリ、是レ彼ノ所謂倭国ノ一ニシテ実ニ我カ儺ノ県即チ博多ヲ中心トスル一地域ナリ、蓋シ当時皇化未タ洽カラス、豪族ノ此ニ竊拠セルモノ私ニ漢ニ通セシナリ、中元二年ハ書紀紀年垂仁天皇八十六年ニ当リ、発見ノ年ヲ距ル一千七百三十八年、今ニ迨シテ又百三十九年ヲ終タリ、印ハ現ニ旧藩主黒田氏ノ襲蔵ニ係ル、今春三月国母陛下東県《（マヽ）》ニ行啓アラセラレ、畏クモ照覧ヲ賜フ、村ノ有志者碑ヲ発見ノ址ニ建テ之ヲ不朽ニ伝ヘントス、仍テ茲ニ金印ノ由来ヲ叙スコト此ノ如シ、其詳細ハ文献ニ存ス、

大正十一年三月

従四位勲三等　武谷水城撰

勲七等　松浦　到書

福岡市博物館(右)と、収蔵されている金印(左)

少々長いが、碑文の全文を記したのは、この碑文によって歴史などがわかるからである。

この金印の出土状況について、発見者の甚兵衛の口上書がある。それによると、

> 私抱用地叶の崎と申所の田境之中溝水行悪敷御坐候ニ付(略)小キ石段々出候内弐人持程之石有之、かな手子ニテ掘リ除ケ申候処、石之間ニ光リ候物有之(略)

とある。口上書にある「弐人持程之石」とは、二人で持つことのできる程度の石ということである。つまり、二人で持つことのできる程度の石の下、何の下部構造もない土中から金印が出土したのである。

『後漢書』列伝巻第七五の東夷倭伝と、張楚金《ちょうそきん》が顕慶五年(六六〇)に編纂した『翰苑《かんえん》』倭国伝とがある。『後漢書』には、

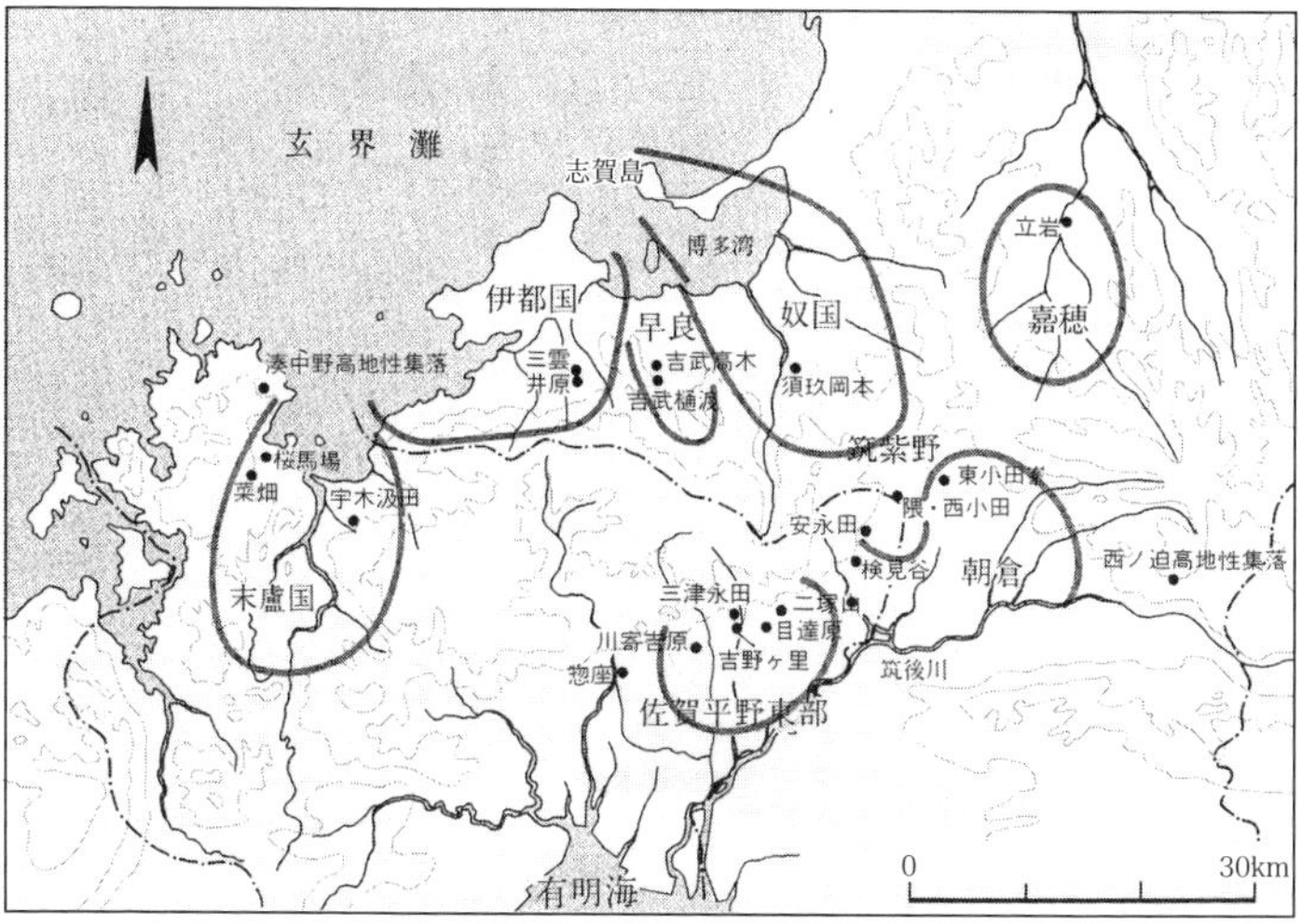

弥生時代北部九州の国々

金印のモニュメント
（志賀島金印公園）

建武中元二年（五七）に倭《わ》の奴《な》国が貢物《みつぎ》を持って漢の光武帝に挨拶に来た。使者は自分のことを大夫《たいふ》とよんでいる。奴国は倭のなかでは一番南の国である。光武帝は奴国王に対して印綬を与えたとあり、『翰苑』倭国伝には『後漢書』を補って、

中元之際　紫綬之栄
後漢書光武中元二年、倭国より朝賀、使人自称大夫、光武以て印綬賜

とみえる。光武帝から賜った金印は紫綬であったが、金印そのものの偽作説も発見の当初から存在していた。それは金印出土にあって、伴出物が皆無であったことによるのかもしれない。

中国古印の約束事

中国古印、ことに漢代の印制には決まりがあり、虎鈕、亀鈕などで、後漢になると、前漢の遺制を伝えているが、それによると、次のようである。

皇帝　〔璽〕白玉印　虎鈕

皇后	〔璽〕	玉　印	虎鈕
皇太子	〔章〕	黄金印	亀鈕
承相・大将軍	〔章〕	黄金印	亀鈕
百官「二千石」	〔章〕	銀　印	亀鈕
「千石」「六百石」「四百石」	〔印〕	銅　印	亀鈕
諸侯王	〔璽〕	黄金印	橐駝《たくだ》鈕
列候	〔印〕	黄金印	亀鈕

鈕《ちゅう》は印や鏡、弩《ど》（大弓）などのつまみをいう。橐駝は駱駝《らくだ》のこと。このことから、中国では高位の人は虎鈕であり、ついで亀鈕である。これに対して周辺の諸侯に与えたのは駱駝で、砂漠地を行く民族に与えるのにふさわしい。しかし「漢委奴国王」に与えられた蛇鈕は無い。一説によると、蛇鈕は中国からみて蛮夷の国に贈ったものであろうとしている。

金印の綬

金印の綬は組紐のこと。綬印といえば組紐と印のことである。この綬を鈕に通して使った。紫綬といえば紫の組紐であった。この綬色は漢の武帝の頃から位階によってきめられ、また印の材質によっても金、銀、銅などと印制を設けていた。ただ、外夷に対しては臨機応変の処置を講じたようである。（大谷光男『金印』）。

日本から光武帝に朝賀に行ったのは、さきにも記した『後漢書』に見るように、中元二年春正月である。その翌月の二月に光武帝は崩御している。六十二歳であった。この光武帝が朝賀に対して「賜うに印綬を以てす」と『魏志』倭人伝に記されている。この印章が志賀島から出土した金印である。出土したとき、当然のこと綬は無く、金印だけであった。

印は鈕のつまみの下にある穴に綬を通し、綬を腰に巻いて印を懐に入れるので、その綬の長さは相当長かったと考えられる。印も綬も身分によって区別があるので、綬を見ただけでその人の身分が分かったのである。しかし、当時、色の区別がどうして身分の相違を表したのかという点は、まだ究明されていない。

金璽・金印の綬の色には赤・緑・紫の三種があり銀印の場合は青、銅印の場合は黄と黒であった。

漢代の印章の制度には官印と私印があり、官印は官職についたときに与えられるもので、その身分を与えられた証拠となる。この官印は綬で腰に巻き、印を懐中にするが、大切なのはそのように佩用するだけではなく、文書に封印することであった。紙の無い時代は木簡や竹簡であったから、その木簡や竹簡を束ねて縄で巻き、結び目に粘土を押しつけて封じ、その粘土に印を押す。これが封印で、押した粘土を封泥《ふうでい》という。重要な文書の発信人がはっきりするとともに、途中で開封されていないという証拠で

褒賞の種類と授与対象

種類	授与対象
紅綬	自己の危難を顧みず、人命の救助に尽くした方
緑綬	自ら進んで社会に奉仕する活動に従事し、徳行顕著なる方
黄綬	業務に精励し、衆民の模範である方
紫綬	学術、芸術上の発明、改良、創作に関して事績の著しい方
藍綬	公衆の利益を興した方、又は公同の事務に尽力した方
紺綬	公益のため私財を寄附した方等

＊これに、綬のない略綬が一組になっている

褒賞の形状

地金		銀
表面		中心は金色とし、「褒章」の文字を記す。桜花紋をもって飾る
裏面		紺綬褒章の場合を除き、「賜」の文字及び氏名を記す
寸法		直径30ミリメートル
鈕		銀
綬	色	褒章の種類により、紅、緑、黄、紫、藍、紺の六色とする
綬	幅	36ミリメートル
略綬		褒章の種類により、紅、緑、黄、紫、藍、紺の六色とする 六色とも、大きさは直径7ミリメートル

（内閣府章勲局による）

もあった。

官印に対して私印は、各個人が勝手に作ったものである。現在、紫綬褒章とか緑綬褒章などという日本の綬は、ここから始まったものであろう。

日本の褒章の歴史

金印につけられていた「紫綬」から想いを古代に馳せ、現在、日本の褒章の「紫綬褒章」と結びつけたくなるのは人情だが、日本の褒章制度はそれほど古くない。

わが国の褒章は、明治十四年（一八八一）の褒章条例

（太政官布告第六十三号）第九条の規定に基づき、「褒章の制式及び形状を定める内閣府令を次のように定める」とある。それによると、この年に紅綬、緑綬、藍綬の各褒章が制定され、大正七年（一九一八）に紺綬、昭和三十年（一九五五）に黄綬、紫綬の各褒章が制定された。褒章のデザインは「褒章」の二字を桜の花で飾った円形のメダルで、綬の色（紅、緑、黄、紫、藍、紺）によって区分されている。略綬と一組になっているが、略綬には文字通り綬がない（表参照）。

現在の紫綬褒章とか緑綬褒章の「綬」とは、もともとこの綬から始まったものである。また、褒章という字は印章の章と同じであるが、印章は身分によって章とか印といい、璽（皇帝・皇后・諸侯の場合）もある。志賀島から出土の金印の綬色は紫綬であったが、中国の江蘇省揚州市の近くで後漢時代の墓が発掘され、「広陵王璽」という金印が発見された。発見された金印の綬色は赤綬か盭綬《れいじゅ》（緑色）かわかっていない。それは、当時色の相違がどのようなことによって身分の相違を示すかという点が解明されていないからである。

金璽・金印の綬の色には、赤、緑、紫の三種があったが、この違いが明らかでない限り、志賀島の金印紫綬についても、また、後漢時代の風習とか制定方法が解明されない限り判明しないことになる。

海人の首長・阿曇《あずみ》の連《むらじ》

志賀島に阿曇の連《むらじ》の子孫がいるという。

あずみ（阿曇）とは、あま（海人）、つみ（首長）のことで、航海術に長《た》けた海人族の首長とされる氏《うじ》。連《むらじ》は姓で、古代氏族が称した世襲の称号。尊称もあれば氏の職能によるものもある。臣《おみ》・連《むらじ》・君・直《あたえ》・首《おびと》・史《ふひと》・村主《すぐり》・造《みやつこ》など数十種を数えるが、臣・連が尊敬され、これらの姓をもつものから大臣《おおおみ》・大連《おおむらじ》が選ばれ、国政に参与した。

阿曇の連の始祖の海神《わたつみ》の神の発祥の地は北九州とされているが、その本住所は志賀島である。『古事記』には綿津見神《わたつみのかみ》の子孫が安曇族とある。綿津見の神には底津綿津見神《そこつわたつみのかみ》、仲津綿津見神《なかつわたつみのかみ》、表津綿津見神《うわつわたつみのかみ》の三神を祀る古社があり、その三社の総本社が志賀海《しかうみ》神社である。

綿津見のワタは海、ツは霊で、海霊神のことである。綿津見は綿津海とも書かれ、船で海を渡ることからきていて、「わたつみ」は渡海神であり、航海の安全を守る神であった。その渡海で、底・仲・表とは、海面、海中、海底のことではない。『万葉集』（巻七・一二二三）に、

綿之底《わたのそこ》輿己具舟乎《おきこぐふねを》　海の底　沖漕ぐ舟を
於邊将因《へによせむ》　風毛吹額《かぜもふかぬか》　辺に寄せむ　風も吹かぬか
波不立而《なみたてずして》　波立てずして

とある。岸から沖を見ると、船は沖に行くほど沈んでゆくように見え、さらに遠ざかると船影は見えなくなる。このことを「海の底沖」といったのである。

志賀海神社

志賀海神社の宮司、阿曇磯和氏

古来から綿津見三神を奉斎してきたのは安曇族で、志賀島を一大拠点として国内や大陸と交易を行ない、経済的にも文化的にも高い氏族であるとともに航海術にも秀れていたので、神功皇后の三韓出兵に際して御舟を導き守ったのが阿曇磯良丸《いそよしまる》であったと伝えられる。現在の志賀海神社の宮司は、阿曇磯良丸の末裔・阿曇磯和氏である。

志賀海神社へは、船着場から北への道を行く。港の賑わいがなくなり、静かな人家が並ぶ道である。高い石段を登ると神社である。つまり神社は小高い山中にある。マテバシイ（ブナ科）の老樹が繁り、鬱蒼とした古代の森に守られた神社の社殿は重厚であった。

航海術に秀でた臣下をもっていた奴国の王は、身の危険を感じたとき、金印を志賀島に隠すように指示したのではないかと私は想像した。そして私は、奴国の中心地であるとされている、福岡県春日市に行きたいと考えていた。

奴国王の墓

福岡県春日市は、福岡市の東南に位置し、ＪＲ南福岡駅で下車する。駅から十五分ほど歩いた丘陵地が奴国の中心地に相当する。古くから古代の墳墓や遺跡が発見されており、須玖《すぐ》岡本遺跡として国指定史跡である。南北約二キロ、東西約一キロの集落の北端部付近の一部である。国指定史跡になったエリアは王墓や王族墓、青銅器やガラス・鉄器の生産工房跡が集中していて、『魏志』倭人伝などに記載されている奴国のなかでも、中枢的な部分であると推測されている。『魏志』倭人伝によると、奴国には二万余戸あったと記されており、奴国は倭国の中でも大国であったことがうかがえる。

福岡藩（黒田藩）の国学者・青柳種信（一七六六―一八三五）が編纂した『筑前国続風土記拾遺』に、広形銅矛の鋳型の記事があり、その「銅矛鋳型」は昭和三十年（一九五五）に重要文化財として指定を

春日市奴国の丘歴史資料館

古代奴国王墓の上石

受け、熊野神社が社宝として所蔵している。
この春日丘陵地は「奴国」の中心地であり、前漢鏡を副葬した墳墓がある。私はこの中心地に立ちたくて、わざわざ来たのであった。ここは昭和六十一年（一九八六）に「奴国の丘歴史公園」となり、国指定史跡となった。
異論もあるが、ここに王墓の上石がある。それまでは熊野神社の境内にあったのである。
王墓の発見は偶然であった。志賀島で金印が発見されてから百十五年後の明治三十二年（一八九九）のことである。吉村源次郎が家を建てるために、所有地にある長さ三・六メートル、幅二メートル、厚さ三三センチの横石と、その側方に高さ一・二メートル、幅一・五メートル、厚さ四〇センチの立石が立っていたのを、新しく建てる建物の邪魔になると動かしたところ、下から合口甕棺が出土し、その内外からさまざまな遺物が出土したのである。それらは漢式の鏡三十面前後、銅剣、銅矛、銅戈など八口以上、管玉、ガラス璧など多数の副葬品であった。

吉村源次郎は縁起が悪いとその土地を売り、出土品は祟りを恐れて煉瓦作りの穴に埋納していたが、見学者が相次ぐうちに散逸し、やがて畑土と共に耕されてしまった。このことを知った当時の九州帝大医学部教授の中山平次郎は畑作を中止してもらい、土中に砕け散った遺物の収集にかかった。その結果、この地方一帯を支配した首長の一族の共同墓地であったことが明らかになったのである。ここの王墓は金印とほぼ同時期のものといわれている。漢国への遣使、金印の賜授。自らの存在を誇示するかのような王墓。二千年前の奴国の繁栄と栄光の姿。それにしても志賀島で発見された金印の謎は、やはり解けない。が、「奴国」内に航海術をもった海人がいたのだから、海人に「金印」を託し、隠匿を計って、奴国の永遠の繁栄を願ったのではないだろうか、と、帰途の旅路で、私は想像をふくらませるのだった。

貝紫染と海女の暮らし

「海の博物館」

海の博物館は三重県鳥羽市にある。

私がこの博物館の存在を知ったのは、貝紫のことが知りたくて、財団法人・水産無脊椎動物研究所の池田友之さんに電話をしたことによる。池田さんは、

「去年、わたしは海の博物館で貝を採集して、貝紫染をしてきました。ただね、手に付いた匂いがひどくて、四、五日閉口しましたよ」

といった。臭いは、ニンニクの腐ったような臭いで悪臭だとのことであった。それでも、私は機会があれば行ってみたいと考えて聞き返した。

「いつでも、しているのですか？」

「時期によって、のようですよ」

私は早速、海の博物館に電話をした。

「今年(平成二十年)は五月六日を予定しています。まだ募集していませんが……」

「今、申し込んでもいいですか」

「どうぞ」

と、いうことで、申し込みをすることができた。あとで聞いたら、申込み第一号であった。

「海の博物館」は昭和四十六年(一九七一)に鳥羽一丁目に開館したが、国の重要文化財の指定を受けたため、浦村町(現在地)に収蔵庫を建設して移転し、平成四年から博物館として一般に公開している。この博物館が収集してきた資料は、漁撈用具のほか、海産物の加工販売用具、船関係用具と、それらの生活、信仰、儀礼に関するものなど、海の資料を網羅していて、その数は五万七〇〇〇点を越しているといい、このうち七〇〇〇点近くは、国指定重要有形民俗文化財であるという。

建物は海から見て高台にあり、そのため風の抵抗を少なくするために低くし、和風に見える独特の建物は、日本の公共建築百選に選ばれている。

海と人間の深い関係を教えてくれる博物館である。

「海の博物館」へは、東京から新幹線で名古屋に出て、名古屋から近鉄で鳥羽へ。近鉄鳥羽駅からバスの便がある。東京から名古屋まで約一時間半。名古屋から鳥羽まで約二時間。鳥羽から海の博物館までバスで約三〇分。乗り替えなどを含めると合計五時間の旅である。スピードに馴れて名古屋まで近いと感じていたが、鳥羽までは遠いとおもわれるのだった。

磯でイボニシを採取

私にとっては、紫の色素を有する貝を採取することも、その貝から取り出した鰓下腺《さいかせん》（パープル腺）で紫色を染めることも初体験である。胸を躍らせ、わくわくしながら待った当日は上天気。紫外線除けのクリームを顔に塗るのもそこそこに、身仕度を整える。身仕度といっても、ジーンズをスパッツに替え、スニーカーをゴム長に替えただけの軽装だ。海の博物館の裏手は海だが、そこまでは車で行き、車を降りると木製の階段を二〇〇段以上も下らなければならない。私はこの時はじめて、博物館が高台というより断崖の上にあることを知ったのである。

海岸は大きな岩のある磯である。引き潮の時間に合わせて設定された貝の採取時間だから、荒波の日の状態はわからないが、ずい分波の荒い日があるのだろう。磯の大岩の角が丸味をもっているのを見かける。

博物館の係の人は、海に向かって右手を指し、「そこは外海《そとうみ》です。太平洋です」といった。

採取する貝はイボニシ（アクキ貝科）である。潮が引いたあとの岩場に付いているが、岩と同じ殻の色なので、馴れないと見付けるのがむずかしい。この日の仲間は二〇人弱であろうか。ほどなく大きな

この磯でイボニシを採った

岩場に着いたイボニシ

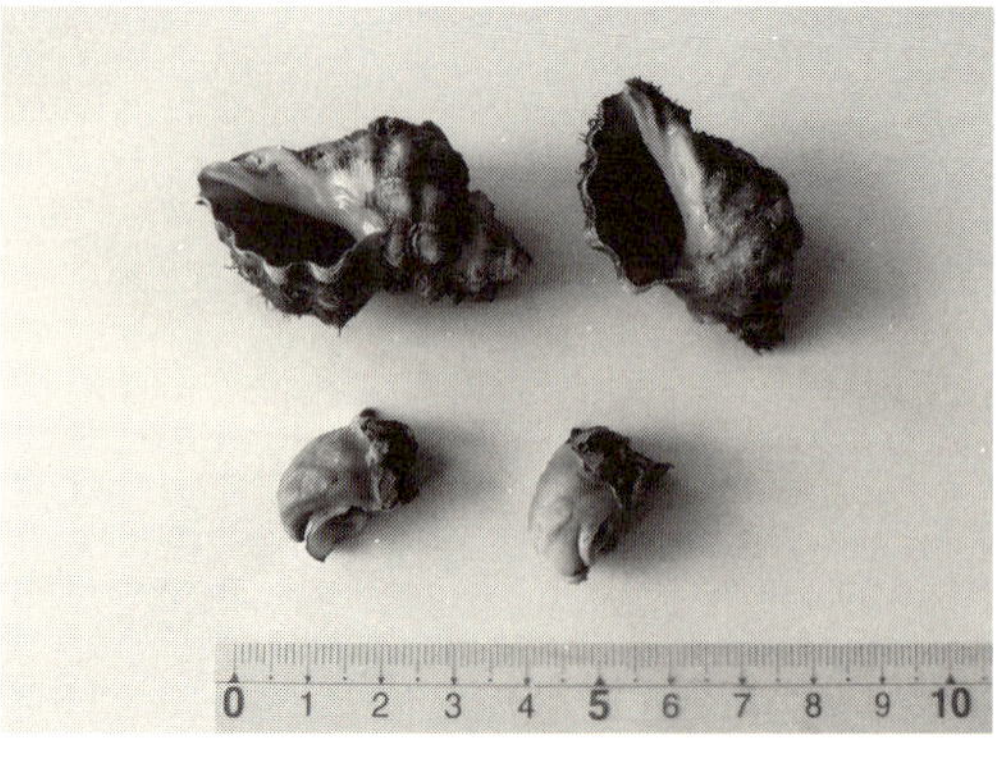

イボニシ（下の貝の身の部分の黒く見えるのが鰓下腺＝パープル腺）

この貝類から紫を得る（海の博物館にて）

イボニシを採って歓声を上げるなど、賑やかな声が聞こえるようになった。イソギンチャクが沢山いて、手で押すと海水を吹き出す。子どもの頃、海辺で遊んだ記憶が徐々に蘇ってくる。楽しい時間である。手にしたビニール袋の中にイボニシがたくさん入って、大きくふくらんでいる人がいる。

そろそろ昼食だという。岩に腰を下ろして、昼食にする。私の昼食は、事前に海の博物館に注文しておいた「おにぎり弁当」だ。太陽は燦々と照り、波は静かに寄せては返している。ほのかに磯の香りがただよってきて、私は幸せな気分になって、磯の香を胸一杯に吸った。

私のイボニシ貝の収穫は思ったほど多くはなかったが、海の博物館に戻る途中の磯辺でも、いくつかの貝を見つけることが出来た。そのとき、「あ、海女さんよ」という声に振り向くと、すでに私の脇を歩いて行く後姿が見えた。急いでカメラを持って追ったが、その海女さんは「写真は駄目よ」といって去って行ってしまった。黒いウエットスーツを着て、頭には白木綿の手拭いをかぶっていた。この時期は新ワカメやヒジキの採取の時なのである。

いよいよ貝紫染を体験する

イボニシ貝は、どれもそれほど大きくはない。私の採ったものでも大きいのは約三～四センチほどのもので、一個が約一五グラムであった。

この貝を下向きに置き、巻いている部分の三段目あたりを目がけて金槌で殻を割ると、薄い膜（鰓）の下に細長く黄色く見えるものがある。これが腮下腺であった。腮下腺をパープル腺とも呼ぶ。パープル腺を取り出すには、薄い膜を爪楊枝などを使って除き、その下にある粘液状の黄色をした組織を取り出し、皿などの容器に受ける。

パープル腺は新鮮なものが良いので、四、五個まとめて取り出したら小皿に集めて、型紙を使って小筆で布に擦り込んでいく。小筆でなすり付けるようにして文様を描き、太陽光線のもとで空気酸化させると、やがて黄緑色から紫紅色に変わる。一旦こうして布に付着したパープル腺液は、その後、絶対に褪色することはないという。この作業は、ニンニクの腐ったような臭いが手に付いて取れない、という話だったが、私は薄いビニールの手袋を持って行ったので臭いは気にならなかった。

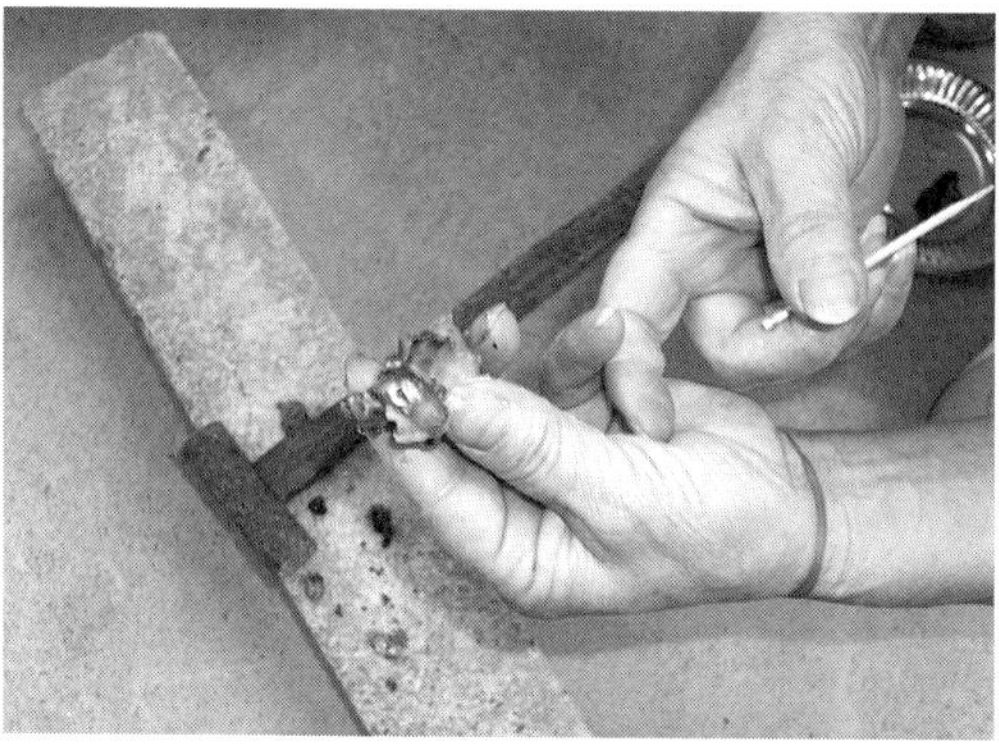

金槌で殻を割る

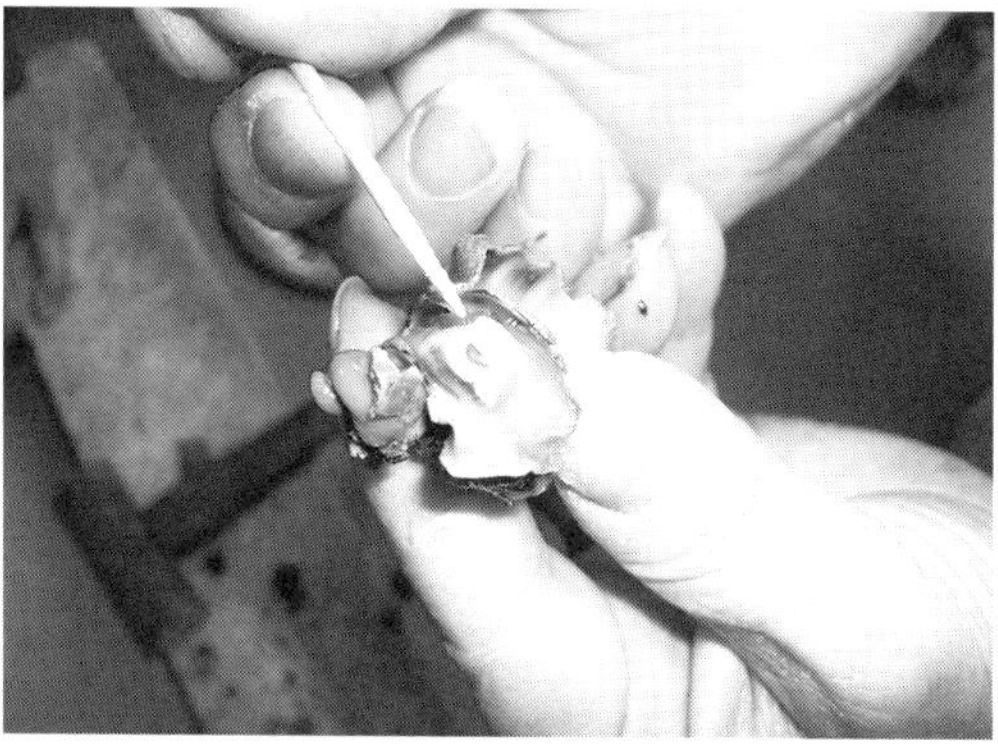

貝の身の中央に見える
のがパープル腺

講師の指導で、型紙を
使い、パープル腺の液
を小筆で布に擦り込む

パープル腺を取った貝の実は、食することができる。実を細かく刻んで、野菜などと共にバターで炒めて食べると美味だと聞いた。そのほか志摩では「ニシ汁」というのがある。採ってきた貝の殻を石や金槌で砕き、それを擂《す》り鉢でさらに細かくして、味噌汁に入れて上澄を飲むのだそうだ。パープル腺を除かずに作るこの味噌汁は、辛く苦いのだそうだが、二日酔や胃病に効果があるといわれて飲む人がいるという。

誰にでも出来る貝紫染

貝紫染は誰にでも出来るが、それには、

① パープル腺を有する貝(イボニシ、アカニシ、レイシなど)を採取すること。イボニシは磯の岩に付いているので、干潮の時に採取する。

② 採取したら、なるべく早く(生きている間に)パープル腺を取り出す。イボニシ貝は三~四センチと小さいので、貝の殻に穴を明けて取り出すのはむずかしい。むしろ殻を叩き割って細いパープル腺を取り出すのがよい。

私が体験したことを駄足ながら付け加えておく。取り出したパープル腺を小皿のようなものに集め、筆を使って布に直接描くか、型紙を用意しておき、筆で擦り込む。これは、染めるといっても、パープル腺液を使って、布の上に描いていくので、顔料と同じである。使う布は木綿が良く、前もって海水で湿らせておいたほうが作業は容易であり、美しく仕上がる。

染める（1）

地中海地域の貝紫染の発祥の地はフェニキア（地中海東海岸に、紀元前三千年ころ、フェニキア人によって誕生した国）とされている。古代フェニキアの貝紫染は、人尿と蜂蜜を用いた建染《たてぞめ》で、染色の中心地チュロスの集落は悪臭がひどかったといわれていたという。

ヘロドトスはギリシア・クレタ島のイタノスで「貝紫染の人を呼び出し……」と書いている。イタノスの近くのパライカストロ遺跡から、貝紫が出土したという記録があるらしい。吉岡さんはクレタ島で貝紫を採取し、古い文献にある「古き尿と蜂蜜を加え」とあることをヒントに、尿に蜂蜜を加えて染液を作り、羊皮紙を浸けて青紫色を得たという（吉岡常雄著『帝王紫探訪』）。

染める（2）

食塩水で染める方法がギリシアの古典にある。これはパープル腺を海水で薄めて染液を得るのと同じで、この液に糸や布を浸してから四、五分後に引き上げ、日光に当てると、ほどなく黄色から青、そして紫へと色の変化を起こすという。

染める（3）

貝紫は藍（インジゴ）と同族なので、建染で染色する。パープル腺を取り出して容器に入れ、攪拌しながら日光に当て、紫色に発色させる。浸染するには染める布の重量に対して二〇パーセントのパープル腺が必要で、水の量は三〇倍とし、温度は摂氏六〇度までとする。アルカリ剤はペーハー11になるように加える。

浸染中は日光に当てず、空気と水による酸化で紫色が得られる。日光に当てるとインジゴの構造に変り、青色となり、しかも染めムラが生ずる。

貝紫の「紫」の神秘性

貝紫といえば、ティリアンパープル、チール紫（ティルス紫）などといわれ、その色は希少とされ、染料や顔料として珍重されてきた。古くは中南米のアンデス古代文明の頃の紀元前約十二世紀に、木綿の布に辰砂（朱）と貝紫で部分的に染めた遺品（アメリカ・テキスタイル・ミュージアム蔵）があるが、貝紫の色の持つ不思議さは、長いこと解明されていなかった。ようやく貝紫の化学構造が明らかにされたのは一九〇九年である。

パープル腺は貝の筋肉部分と内蔵部分の中間にある呼吸系の組織で、この分泌液は水に不溶の色素で、布に付着すると黄から緑、青、紫と日光の下で発色が進み、最終的には堅牢な紫色の色素となる。貝紫のこのような神秘性が尊ばれ、王の衣服を染めたり、聖書の羊皮紙に染め、文字を書いたのである。

貝紫としては、地中海沿岸のチール地方のものが良質とされていて、そのためチール紫の名がある。クレオパトラがアントニーと舟遊びをしたときの船の帆は、貝紫で染めたといわれ、帆を染めるために使った貝は厖大な数にのぼったと伝えられている。

このように、貝紫染は古代ギリシアのころから帝王の服の色として用いられていたとされ、古代から貴重品として扱われていたらしい。

ところが海洋国日本では、吉野ヶ里遺跡から貝紫染の布片が発見されるまで、ほとんど存在しなかったと思われていた。

それはなぜなのだろうか。

紫草が日本国内の各地の山野に多く自生していたから、なのだろうか。

弥生時代の貝紫染が発見されたことで、今、貝紫に対する認識を改めなければならない時が来ているように思う。

クレオパトラや、古代ギリシアの帝王の服に目を奪われ、高価さや希少さばかりを貝紫の価値と考えているようでは、貝紫の真の利用価値は私たちに伝わってこない。

海女の暮らし

海女《あま》（女性）や海士《あま》（男性）の仕事は、遠い昔から行なわれていた。『魏志』倭人伝に、

今倭水人好沉没捕魚蛤文身亦以厭大魚水禽

――今倭の水人、好んで沈没して魚蛤《ぎよこう》を捕え、文身（入墨）しまた以て大魚・水禽を厭《はら》う

とあり、また『万葉集』に

伊勢の海の白水郎《あま》の島津か鰒玉《あわびたま》
取りて後《のち》もか戀の繁けむ
（巻七・一三二二）

伊勢の白水郎《あま》の朝な夕なに潜《かづ》くとふ
鰒《あわび》の貝の片思《かたもい》にして
（巻十一・二七九八）

と詠まれている。白水郎は『和名抄』に「阿萬」とある。海にもぐって漁をし、生活をする人。

このように潜水漁法で鮑《あわび》や魚を獲《と》ることは、古代から盛んであったことがわかる。現在、日本国内で潜水漁法が行なわれている主な地域は、千葉県白浜、伊豆半島東南海岸（静岡県）、輪島市舳倉島《へぐら》（石川

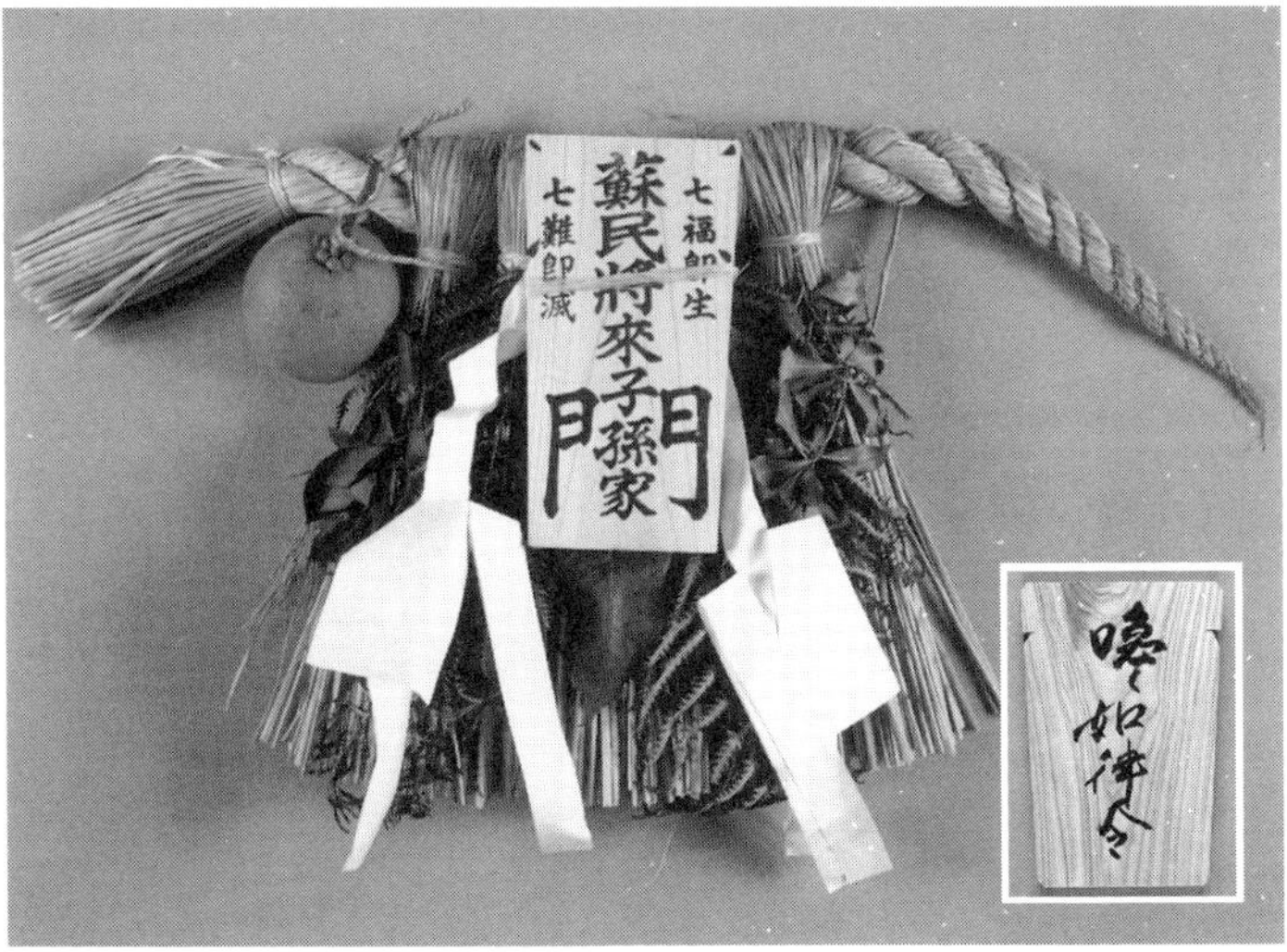

正月の注連縄

県）、山口県大浦、福岡県鐘崎だが、海女の人数は少ない。

海は広く、深く、しかし、決して優しく、穏《おだ》やかな日ばかりではない。海女の仕事は、いつも危険と隣り合わせである。志摩の漁家では、正月の注連《しめなわ》に「蘇民《そみん》将来子孫家門　七福即生　七難即滅」とか、「喼《きゅう》（急）々如律令《きゅうにょりつりょう》」の木札を付ける。

漁期は四月から九月十四日までの期間で、この間に潜水して鮑や栄螺《さざえ》を獲る。九月十四日というのは、鮑が産卵期に入るまでで、県の条例によって決められている。平成十八年（二〇〇六）の総

平成 18 年度の採貝量

県　別	採貝量（トン）
岩手県	438
宮城県	253
長崎県	187
山口県	141
千葉県	118
愛媛県	97
福岡県	91
三重県	77
島根県	77
徳島県	55

（農林水産省統計部調べ）

採貝漁獲量（一トン未満の小規模業を含む）は一九七六トンであった（農林水産省調べ）。農水省の担当者は、

「海女がどのくらい採貝しているか個々のことはわからないが、大規模業というのは、さしあみ漁や潜水器具を使う漁業です」

とのことであった。

海女といえば鳥羽であり志摩（以上三重県）であると思っていたが、前ページに見るように、全国各地と比較してそれほど多くないことに驚かされた。だが、生命をおびやかされる危険な海女の仕事は、小規模業者（採貝一トン未満）の分類に入り、数字としては表《おもて》に出てこないのかもしれない。

海女の仕事

海女には舟人《ふなど》海女と徒人《かちど》海女がいる。

舟人海女は海女舟《あまぶね》に乗って漁場に行く。この海女舟は、たいてい夫婦が一組で作業をすることが多い。舟で漁場に着くと、イキヅナ（命綱）を腰に結び、重さ約一四キロもある鉛製の錘《おもり》を抱えて、一〇～二〇メートルくらいの深さまで潜る。漁場に着くと錘を放して鮑を探し、見つけると腰にさしているイソノミで岩から剝がし取り、息が苦しくなると、イキヅナを引いて舟に合図をする。舟ではトマエ（夫または船頭）がイソグルマに綱をかけて引き上げる。このような舟人海女は、深い海域に潜って作業をす

徒人海女

るので稼ぎもよく、大海女と呼ばれている。

徒人《かちど》海女は岸から漁場まで泳ぎ、漁場に着くと五メートルから一〇メートルほど潜水して鮑を取る。ふつう磯桶を浮き代わりに用いたので、桶海女とも呼ぶが、鳥羽市国崎のように板を使うところは板海女と呼んだりする。現在は桶や板に代わって発砲スチロールやタイヤチューブの浮き輪が用いられている。

海女の一回の潜水時間は三十秒から百秒で、ふつうは六十秒内外。これを数十回くり返すのが「一作業」である。一作業を一日に三回は行なうので、激しい労働である。一作業すると夏でも体が冷えこんでくるので、火場《ひば》（休憩所）で火に当って暖をとる。

海女の道具

海女は潜水するとき、腰にイソノミをさしていく。イソノミは鮑を岩から剥がし取る鉄製の篦《へら》で、小さな木製の柄が付いている。イソノミのうち、片方がカギ状になっているのをカギノミという。カギノミはウニやサザエの掻き出しに使う。これらは地元の鍛冶屋で作ってもらうが、代々家に伝わるものを使うことが多かった。それらの道具を作る野鍛冶は鳥羽から志摩にかけて、かつては八十名ほどがいて、銛やヤス、イソノミ、ワカメ巻き、錘などの漁撈用具を製作していたのである。

イソノミなどの木部には護符を彫った。

海女の服装と護符

古い時代の海女の服装は、磯手拭で鉢巻をし、イソナカネと呼ぶ白木綿二幅の腰巻をするだけであった。イソナカネは前がまくれないように、股下の裾から三寸（九センチ）上に紐を付け、前と後を結んだ。

磯手拭の長さは、定数とせず、一尺九寸（五七センチ）とか、二尺一寸（約六三センチ）、二尺三寸（六九センチ）にした。これは「満つれば欠くる世の習《なら》い」という信仰から、定数を嫌ったのである。布を裁った裁ち口は、ほつれないように縫うが、海中に入っても必ず浮上するようにと、往復に縫った。

護符（左の☆印がセイマン。右の格子印がドウマン。いずれも海の博物館にて）

磯手拭は幅を二つ折りにして、後鉢巻にするが、前の額に当たるところに護符を黒糸でできる限り細かく、布目を拾って刺す。刺し方は運針ではなく、生還を心に期して返し縫にする。

護符は星印と格子印である。星印はセイマン、格子印はドウマンと呼ぶ。セイマンは安倍清明《あべのせいめい》という平安時代の陰陽師から、ドウマンは同じく陰陽師の葦屋道満《あしやどうまん》からといわれており、魔よけの印として、日本に広く使われていたという。とくに星印は隙間がないので、呪力が強いといわれており、また、縫い始めから縫い終りが一致していることから、必ず元に戻るとして信仰されていたのである。黒糸で縫うほか、貝紫で印を染めつけた。

海女にとって、護符の大きな役目はもう一つあった。

志摩の海女が最も恐れていたのは「トモカヅキ（作業中に死んだ人の亡霊といわれる）」である。海中で潜《かづ》いているとき、いつの間にか、自分と同じような海女がいて、鮑をくれるというので手を出すと、そのまま深みに引きずり込まれたり、網のようなものをかぶせられて大事に至ることがあるという。そのとき、仲間の海女とトモカヅキの海女を区別するために、護符が有るか無いかで判断するのだという。トモカヅキの手拭には護符はないので見分けられる。

護符を黒糸で縫わないときは、昭和三十年（一九五五）ごろまで貝紫で染めていたのである。一人の海女は、私に向かって言葉を強めていった。

「自分の分をわきまえるというか、他の海女と競争しないこと。欲を出すとトモカヅキにやられちゃうよ。欲を出したら死んじゃうよ」

海女の強い言葉は、海女自身への戒めの言葉であったのだろう。その海女の磯手拭には星印と格子印が貝紫で染めてあったが、服装は黒のウエットスーツであった。

磯手拭の貝紫染について聞くと、

「近頃はマジックインクで描く人が多いけど、貝紫染がよく知られるようになったので、やってるよ」

と、優しい顔になってニッコリ笑った。

志摩の鮑

志摩の鮑は、海女の歴史とともに古く、平城京跡から出土した木簡や、平安時代の初期に伊勢神宮から書き上げた『皇太神宮儀式帳』に出ていることにより、奈良、平安時代にはすでに朝廷や神宮に調進していたことがわかる。現在でも伊勢神宮の神饌《しんせん》として欠くことのできないのが熨斗《のし》鮑である。この熨斗鮑は干鮑とも呼ばれている。

現在、この熨斗鮑をつくっているのは鳥羽市の国崎である。毎年九月末に宮内庁へ長熨斗四尺物三〇本、伊勢神宮へは六月、十月、十二月に調進している。

熨斗鮑の作り方は、鮑の殻から身をはずし、よくもみ洗いして粘りを取り除く。さらに身のまわりの固い部分を切り取り、鎌のような形の包丁（熨斗鎌という）で、外側から渦巻状に果物の皮を剝《む》くように細長く切り、それを干し場の竿に掛けて乾燥する。生乾きになった鮑を、竹筒をころがしながら伸ばして加工する。こうしてできあがった熨斗鮑を伊勢神宮に納めるときは「太一御用」と染めた布で包み、納めたのである。

志摩の海女が採った鮑は、御師《おし》（伊勢神宮の下級の神職）によって伊勢熨斗、志摩熨斗として各地に配られて有名になったが、御師廃止となって次第になくなっていった。しかし熨斗鮑の最盛期は膨大な量の生産があり、田の少ない志摩は、長さ四尺（一・二メートル）の長熨斗一〇〇本で銀何匁というように、お金にかえて生活していたので、鮑はお金と同等の価値あるものとして受けとられていたのであった。

吉野ヶ里遺跡の貝紫染

吉野ヶ里遺跡からの出土品

以前、吉野ヶ里遺跡から出土した布片が、貝紫染であったという記事に心を動かされていたものの、その布片を見る機会がなかった。

今回は、ぜひ、この目でその布の断片を見たいと熱望した。その想いを胸に、吉野ヶ里遺跡を訪ねたのは、平成二十年四月中旬であった。

ＪＲ博多駅から鹿児島本線で鳥栖駅へ。鳥栖から長崎本線に乗り替えて吉野ヶ里公園駅で下車する。駅舎から眺める周辺は、筑紫平野のまっただなか。のびやかに田園がひらけ、黄色の花をつけた菜の花畑が、鮮やかな黄色の絨毯を拡げたように延びていた。

佐賀県教育庁社会教育・文化財課主査で吉野ヶ里遺跡担当の長崎浩さんが、作業服を着て、作業用の車で駅まで迎えに来てくれたのには恐縮した。忙しい仕事の合間に、わざわざ私のために時間を作ってくれたのである。

吉野ヶ里公園駅

吉野ヶ里遺跡

発掘調査事務所に案内されて、箱に入った織物の断片を見せてもらう。私は思わず「待望のものを……」といったきり、言葉が出なかった。二〇〇〇年前の織断片に対面できたという感慨と、これほど小さな布片を大切に出土させてくれた、多くの研究者への感謝である。時を越えて、今、私の目の前にある布の断片は、古代の文化を、私たちに知らせてくれるのである。感慨で胸がふるえた。

写真を撮らせてもらう段になって、ようやく私の胸は、落着きを取り戻したのである。


吉野ヶ里遺跡は、佐賀県神埼市神埼町と神埼郡吉野ヶ里町にまたがる広大な丘陵地で、戦前から畑地の開墾やみかん園の造成にともなって、甕棺や弥生土器、漢式鏡、貝殻製の腕輪などが出土していた。そのため考古学者や研究者たちが注目していたのである。

昭和五十年（一九七五）になると、遺跡の周辺で畑地の整備や工場・宅地の建設が始まった。これ以降、小規模な発掘調査が行なわれたところ、銅剣鋳型や木製品、炭化米が出土した。そのため、昭和六十一年（一九八六）になって佐賀県教育委員会によって本格的に発掘調査され、甕棺墓群や壕跡などが確認された。その結果、平成元年（一九八九）二月、「邪馬台国時代のクニ」、『魏志』倭人伝に書かれている卑弥呼《ひみこ》の住んだ集落とそっくり同じつくりの集落」などと報道され、全国的に注目を集めたのである。

ちょうどその頃であったろうか。私は佐賀県マスコミ懇談会のメンバーとして、二ヵ月に一回くらいの集まりに参加していた。そのとき、県の職員がムラサキ色とベニ色に染まった布片が出土したと話していた。その職員は、「吉野ヶ里の遺跡は、『魏志』倭人伝に書かれている、卑弥呼の住んだ集落とそっくり同じとされてますから、布片も卑弥呼と関係があるといいんですがね」

と、いっていた。

縫目のあとも、くっきりと

吉野ヶ里で出土した布地は、弥生中期から後期初めの甕棺墓七基の棺内から出土した人骨や銅剣、貝殻製腕輪などに付着して発見された。私が見せてもらった布片は、まさに「これ」であったのだ。今、この原稿を書いていても、その布片は目に焼き付いていて、胸がふるえる想いである。

しかも、しっかりと織られた厚手の織物をよく見ると、折り返したところに、現在と同じ「まつり縫」が施されていたのである。佐賀県教育庁社会教育・文化財課参事の七田忠昭氏によれば、この布は弥生時代中期前半の、甕棺内の人骨の首から脛の部分に付着していた絹布であったそうだ。このことによって『魏志』倭人伝に記されている、次の記述とは異なる。

其衣横幅但結束相連絡無縫

——その衣は横幅、ただ結束して相連ね、ほぼ縫うことなし

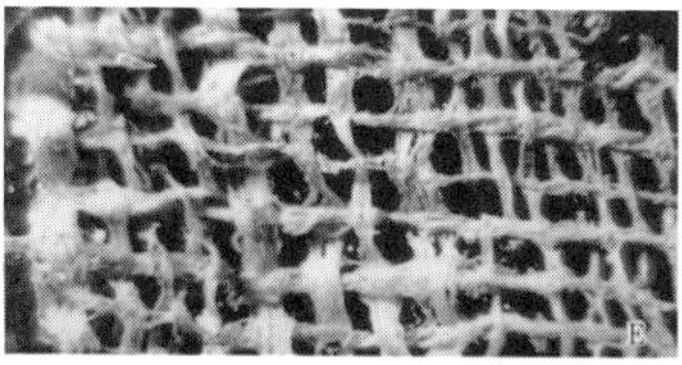

イモガイ製腕輪とともに出土した大麻布の断片（吉野ヶ里丘陵地 SJ0135 甕棺墓）
左上：大麻の透目織
左下：しっかり織られている様子
右下：織物の端の部分

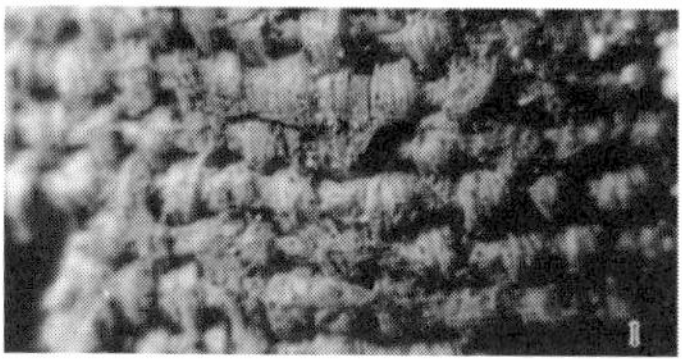

縫い目のある布（絹織物で，二つの布を現在でもよく見られる方法で縫い合わせている．弥生時代中期）

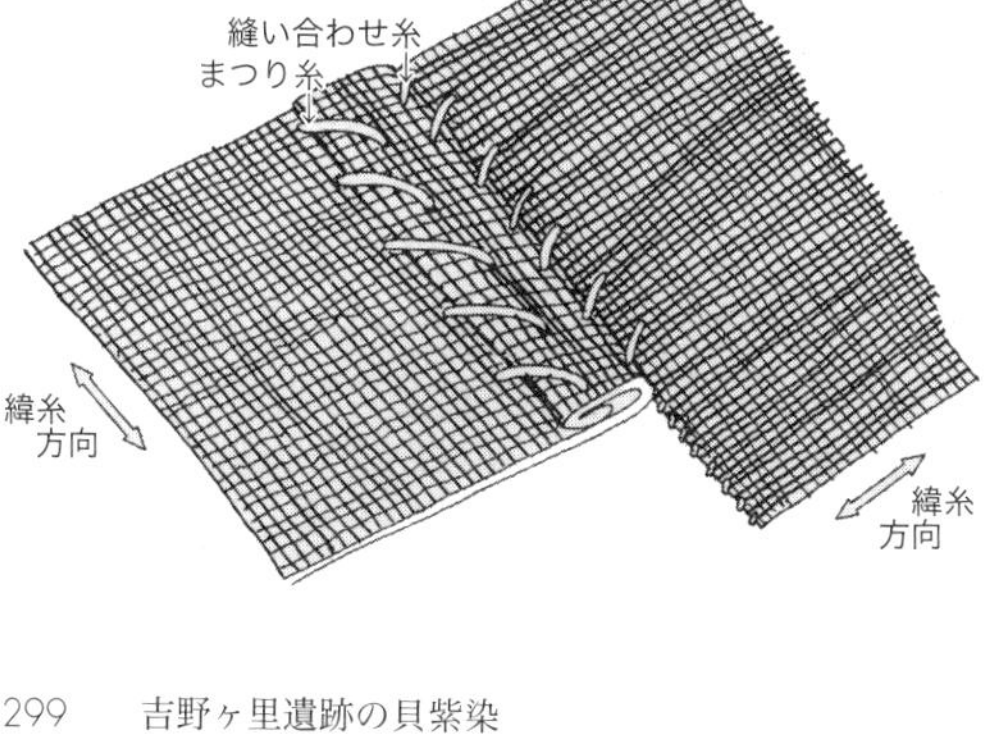

同上、縫い合わせ模式図（七田忠昭「佐賀県吉野ヶ里遺跡の出土繊維」より）

という右の記述は「縫う技術がなかった」という印象を与えるが、庶民の暮らしと高官の暮らしとは異なり、高位、高官の人々は袖のある衣服を着ていたのかもしれない。私は、さまざまな想いが去来する頭の中を整理しながら、綺麗な針目で、しっかりと縫われた布片を見られたことに感激していた。

貝紫で染めた繊維断片

吉野ヶ里から出土した繊維の断片のうち、貝紫で染めたものを目の前にしたが、その「紫」の色を肉眼で見ることはむずかしい。なにしろ繊維片は小さく、色があるといわれると、そのように見えるだけで、色の識別など私にはできなかった。が、研究者たちの努力によって、貝紫染であることがわかり、二千年前の現実を目の前にすることができ、言葉にできないほどの喜びであった。

貝紫を得る貝の世界的分布は、メキシコ、地中海沿岸、アフガン、スリランカ、インド、インドネシア、ニューギニア、日本である。その貝は世界で七十八種あるそうだ。

日本で貝紫染が行なわれた初めは、吉野ヶ里遺跡から発見された布片があることから、これが嚆矢ではないだろうか。貝紫染の技術を、古代中国からの技術の伝播と考えている人もいるようだが、中国では植物性染料と鉱物性染料以外の動物性染料は使われていなかったのである。とすると、二千年前の日本の貝紫染は、古代の日本人が貝からパープル腺を取り出し、色素を利用するようになったのであろう。パープル腺を有する貝は、吉野ヶ里に近い有明海に棲息するからである。

甕棺墓から出土した繊維

吉野ヶ里遺跡から三一〇〇基以上の墓が発掘されている。そのうちの甕棺墓から絹布を主とする多数の繊維断片が出土した。そのなかには貝紫染や茜で染めた布片が確認されている。

甕棺は堅牢な素焼きの土器だったので、内部の空間が保たれることが多かったため、遺骨のほか、鏡、剣に代表される青銅器、鉄器、各種の玉類、腕輪などの多種多様な遺物が、長期間土中に埋まっていたにもかかわらず、保存のよい状態で出土したのである。出土した布片は現在も分析・調査が進捗中なので、次に確実なものだけを記す。

絹布片出土甕棺墓	五基
肉眼観察により絹布と考えられるもの	五基
絹布か大麻布か不明なもの	二基

以上は、すべて弥生時代中期初頭から、後期初頭にかけての甕棺から出土している。

この布片の検証は、京都工芸繊維大学名誉教授の布目順郎氏が行なった。布目さんは一九一四年生まれで、東京帝国大学農学部を卒業され、長いこと京都繊維大学で教授を勤められた。おもに「絹」および「繊維」の権威者である。

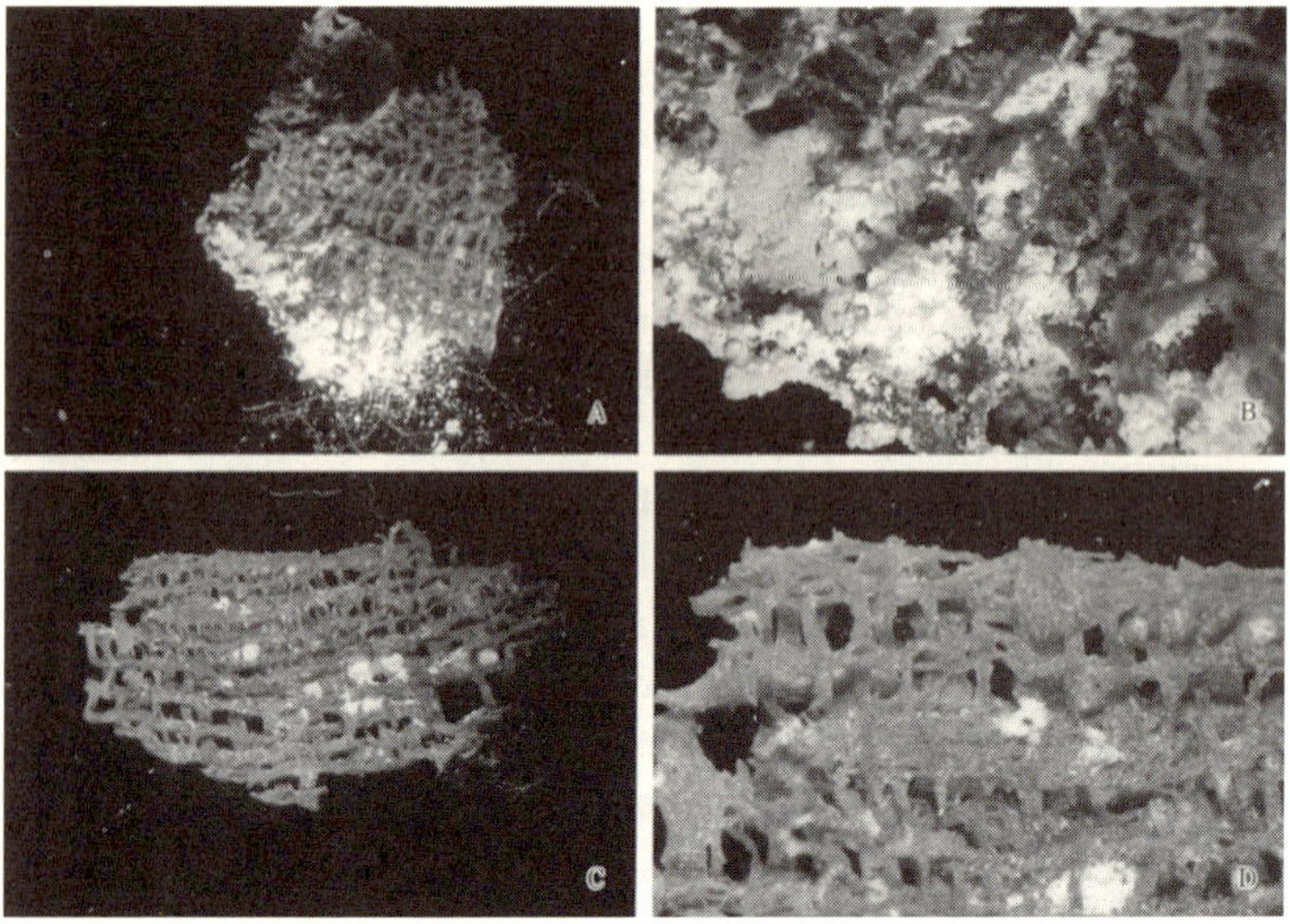

甕棺内から出土した織物片（吉野ヶ里丘陵地区Ⅱ区，SJ0135 甕棺墓より出土．弥生時代後期初頭）
左上：絹織物　　右上：同左（かすかに色彩が見られる）
左下：絹透目織　右下：同左（拡大図）
『佐賀県文化財調査報告書第 113 集』（524 頁より）

吉野ヶ里遺跡の布片は、平成元年（一九八九）三月に把頭飾付き有柄銅剣の柄や剣身の一部に付着する織物片（吉野ヶ里丘陵地区Ｖ区ＳＪ一〇〇二甕棺墓）が、また、昭和六十二年から六十三年度の調査で、イモガイ製腕輪や人骨とともに織物片（吉野ヶ里丘陵地区Ⅱ区ＳＪ〇一三五甕棺墓）が出土したのである。

ところがＳＪ〇一三五甕棺墓出土のものは分析した布片が極小片であったため、翌年の平成二年（一九九〇）六月に再び調査されたのである。

ＳＪ一〇〇二甕棺墓
- 絹　三種
- 麻　一種

ＳＪ〇一三五甕棺墓
- 絹　七種
- 麻　二種類

私が吉野ヶ里遺跡で、出土した布の断片と、息を飲む思いで対面したのは「ＳＪ〇一三五甕棺墓」からのものであったのだ。どれも薄茶色をしていたが、傍らの長崎さんは「絹と分析されています」といった。絹は『魏志』倭人伝に

種禾稲紵麻蠶桑緝績出細紵縑緜
――禾稲《かとう》・紵麻《ちょま》を種《う》え、蚕桑《さんそう》緝績《しゅうせき》し、細紵《さいちょ》・縑緜《けんめん》を出す

と、みえる。この頃、養蚕をし、絹織物を織っていたのである。

布目順郎さんは、絹織の密度を調べ、中国の漢代絹と比べてみたところ、吉野ヶ里の絹はすべて日本製であるという。

しかも吉野ヶ里の絹織物はほとんど透目の平絹で、棺内の人骨に付着していたことから、弥生時代の九州北部では死者のために、目の透いた絹で帷子《かたびら》（単衣のきもの）を製作し、それを死者に着せたか、あるいは遺体を覆ったり、包むなりしたのではないかと考えている。

また、これらの透目絹は、きわめて整然と織られているものが存在することから、当時、すでに筬《おさ》をもって織る絹機《きぬばた》が使用されていた可能性が高いそうだ。

なお、麻は大麻である。

古代の蚕種伝来

蚕の導入は、蚕卵（種《たね》）で導入されるのが普通だが、弥生時代に日本に蚕種が導入された記録はない。延喜元年（九〇一）に撰せられた『三代実録』によると、仲哀天皇の四年に秦始皇帝を祖とする功満王が来朝して、蚕種を奉ったという。弘仁六年（八一五）に撰せられた『新撰姓録』にも同様の記録がある。日本にもたらされた蚕種と養蚕技術によって、邪馬台国の物産は「錦、縑、帛、緜」などが記されているように、高度な織物が織られていたと考えられるが、吉野ヶ里遺跡のＳＪ〇一三五甕棺の時代は、邪馬台国の時代より約二百年前であり、ＳＪ一〇〇二甕棺墓のほうは、それよりさらに五十年から百年遡る。このうち吉野ヶ里遺跡の透目（ＳＪ〇一三五甕棺墓出土）の中に、紗縠《しゃこく》風の高級品も含まれていたそうだ。紗縠とは、絹糸に撚りをかけて織った、縮緬風の薄絹のこと。弥生中期から後期初頭にかけて、吉野ヶ里のあたりに、高級品とされていた紗縠風の薄絹を織ることのできる工人がいたことは驚きである。

吉野ヶ里遺跡の出土状態について布目順郎さんは、次のように語っていた。

「出土状態として、金属器に固着していたものが殆どなく、遊離に近い状態であった点と、人工的に染められているらしい織物が認められるなど、甕棺内における保存状態が良好であったことです」

さまざまな偶然、多くの研究者の手によって、時空を越えて現れた二千年前の遺品は、これからの研究によって、より明らかにされることが多いことを期待したい。

参考文献

〈事典・辞典〉
『牧野　新日本植物圖鑑』牧野富太郎　北隆館　一九六一
『萬葉集事典』佐々木信綱　平凡社　一九五六
『日本服飾史辞典』河鰭実英　東京堂出版　一九六九
『染織辞典』日本織物新聞社編纂部編　日本織物新聞社　一九三一
『草木染染料植物図鑑』山崎青樹　美術出版社　一九九二
『日本色彩事典』武井邦彦　笠間書院　一九七三
『日本染織辞典』上村六郎他　東京堂出版　一九七九
『草木染の事典』山崎青樹　東京堂出版　一九八一
『原色染織大辞典』吉田光邦　淡交社　一九七七
『染めの事典――風土を映す人の技』竹内淳子他　朝日新聞社　一九八五
『江戸学事典』西山松之助他　弘文堂　一九八四
『きもの地の事典』竹内淳子他　青桐社　一九七四
『事物起源辞典』（衣食住編）朝倉治彦他編　東京堂出版　一九八〇
『大衆薬事典』日本大衆薬工業協会　二〇〇二
『広川薬用植物大事典』広川書店　一九六八
『服装習俗語彙』柳田国男編　民間伝承の会　一九三八
『古語辞典』佐伯梅友・馬渕和夫　講談社　一九六九
『中国古典名言事典』諸橋轍次　講談社　一九七二
『日本の名産事典』児玉幸多他　東洋経済新報社　一九七七
『日本風俗史事典』日本風俗史学会　弘文堂　一九七九
『日本民俗文化大系』（全12巻）講談社　一九七八
『風俗辞典』坂本太郎　東京堂出版　一九七八
『民俗学辞典』柳田国男　東京堂出版　一九七四
『日本民俗大辞典』（上・下）吉川弘文館　一九九九
『日本歴史大辞典』日本歴史大辞典編集委員会　河出書房新社　一九七三
『基督教大辞典』高木壬太郎　警醒社　一九二八
『和漢三才図会』東洋文庫　平凡社　一九九二
『和漢三才図会』寺島良安編　東洋美術　一九七〇

『倭名類聚鈔』正宗敦夫編　風間書房　一九七〇

〈古典〉
『世界の名著』（5　ヘロドトス　トゥキュディデス）
　村川堅太郎責任編集　中央公論社　一九七〇
『倭人伝の世界』森浩一　小学館　一九八三
『新訂　魏志倭人伝・他三編』石原道博訳
　岩波文庫　一九五一
『倭人伝を徹底して読む』（朝日文庫）吉田武彦
　朝日新聞社　一九九二
『邪馬台国』（清張通史1）松本清張　講談社　一九七六
『風土記』（日本古典文学大系）秋本吉郎校注
　岩波書店　一九五八
『風土記』上田正昭編　社会思想社　一九八四
『古事記　祝詞』（日本古典文学大系）
　倉田憲司・武田祐吉校注　岩波書店　一九五八
『古代史の窓』直木孝次郎　学生社　一九八二
『源氏物語』（日本古典文学大系）山岸徳平校注
　岩波書店　一九五八
『紫式部日記』（日本古典文学大系）池田亀鑑他校注
　岩波書店　一九五八
『源氏物語』瀬戸内寂聴　講談社　一九九〇
『古今和歌集』（日本古典文学大系）佐伯梅友校注
　岩波書店　一九五八
『更級日記』（日本古典文学大系）西下經一他校注
　岩波書店　一九五八
『万葉集』（日本古典文学大系）高木市之助他校注
　岩波書店　一九五九
『人倫訓蒙図彙』朝倉治彦校注　平凡社　一九九〇
『おくの細道・風俗文選』松尾芭蕉　三教書院　一九三六
『おくの細道』高橋治　講談社　一九九四
『おくのほそ道』安東次男　岩波書店　一九八三
『おくのほそ道』萩原恭男校注　岩波書店　一九八二
『江戸鹿子』朝倉治彦監修　すみや書房　一九七〇
『広益国産考』（日本農書全集14）大蔵永常
　農山漁村文化協会　一九七八
『菅江真澄全集』内田武志・宮本常一編
　未來社　一九七一
『増訂　工芸志料』黒川真頼・前田泰次校注
　平凡社　一九八四
『奥州藤原史料』東北大学東北文化研究所
　吉川弘文館　一九五九

『川俣町絹織物史』　織物展示館　二〇〇三
『春日風土記』　春日市教育委員会　一九九三

〈民俗〉
『法隆寺献納宝物図録』　東京国立博物館　一九五九
『正倉院』（岩波新書）東野治之　岩波書店　一九八八
『正倉院ぎれ』松本包夫　学生社　一九八二
『正倉院展』（目録）　奈良国立博物館　一九七八〜
『上代の染織』（日本の染織　一巻）松本包夫　中央公論社　一九八二
『万葉の時代』（岩波新書）北山茂夫　岩波書店　一九八三
『万葉集注釈』（巻一―巻二〇）澤瀉久孝　中央公論社　一九六五
『万葉集の服飾文化』（上・下）小川安朗　六興出版　一九八六
『王朝絵巻　貴族の世界』鈴木敬三監修　毎日新聞社　一九九〇
『日本の染織』（創元選書）守田公夫　創元社　一九五六
『服飾史図絵』猪熊兼繁他　駸々堂　一九六九
『日本服飾史』日野西資孝　恒春閣　一九五三
『日本の服装』歴世服装美術研究会編　吉川弘文館　一九六四
『日本の服飾美術』東京国立博物館編　東京美術　一九七〇
『日本の美術』（染）山辺知行編　至文堂　一九六六
『日本の色』大岡信編　朝日新聞社　一九七六
『日本人の心と色』小林重順　講談社　一九七四
『色・彩飾の日本史』長崎盛輝　淡交社　一九九〇
『日本染織発達史』角山幸洋　田畑書店　一九六五
『色彩の心理学』（岩波新書）金子隆芳　岩波書店　一九九〇
『日本の伝統色』長崎盛輝　京都書院　一九九六
『日本の色』吉岡常雄　紫紅社　一九八三
『色名の由来』（東書選書）江幡潤　東京書籍　一九八二
『日本上代染草考』上村六郎　大岡山書店　一九三四
『古代染色二千年の謎とその秘訣』山崎青樹　美術出版社　二〇〇一
『民族と染色文化』上村六郎　靖文社　一九四三
『織物の日本史』遠藤元男　日本放送出版協会　一九七一
『織りと染めもの』（日本人の生活と文化）竹内淳子　ぎょうせい　一九八二
『技術と民俗』（日本民俗文化大系13）森浩一著者代表

小学館　一九八五
『日本人の色彩感覚に関する史的研究』（研究報告
第62集）研究代表　小林忠雄
国立歴史民俗博物館　一九九五
『染織の文化』中島純　北海道伝統美術工芸村　一九九三
『植物和名の語源』深津正　八坂書房　一九八九
『草木染』山崎青樹　美術出版社　一九九五
『草木染　四季の自然を染める』山崎和樹
山と渓谷社　一九九七
『日本人の衣食住』瀬川清子　河出書房新社　一九七六
『「いき」の構造』九鬼周造　岩波書店　一九三〇
『手仕事の日本』（岩波文庫）柳宗悦　岩波書店　一九八五
『絹の東伝——衣料の源流と変遷』布目順郎
小学館　一九八八
『絹と布の考古学』布目順郎　雄山閣　一九八八
『甦る江戸文化』西山松之助　NHK出版　一九九二
『江戸百景』（北斎と広重5）楢崎宗重　講談社　一九六五
『江戸の町を歩いてみる』
東京都江戸東京博物館　二〇〇二
『江戸の諸職風俗誌』佐瀬恒・矢部三千法
展望社　一九七五
『江戸東京物語』（山の手編）新潮社編　新潮社　一九九四
『明治文化史』（生活編・風俗編）渋沢敬三編纂委員
洋々社　一九五五
『習俗の始原をたずねて』井本英一
法政大学出版局　一九九二
『額田王』谷馨　早稲田大学出版部　一九六〇
『清少納言』岸上慎二　吉川弘文館　一九六二
『紫式部』清水好子　岩波書店　一九七三
『紫式部』今井源衛　吉川弘文館　一九六六
『出雲の阿国』大谷従二　松江今井書店　一九九六
『莫囂圖隣歌の試讀と紫草の研究』久下司
小宮山書店　一九八八
『漢方薬入門』灘波恒雄　保育社　一九七〇
『薬草ガイドブック』（社）日本植物園協会（薬用
植物園部会）（社）日本植物園協会　二〇〇六
『くらしの生薬』後藤実　たにぐち書店　二〇〇五
『漢方の臨床』矢数道明　東亜医学協会　一九七一
『海女』（ものと人間の文化史73）田辺悟
法政大学出版局　一九九三
『海女の呪符と貝紫』（民具マンスリー）津田豊彦
日本常民文化研究所　一九七二

『貝紫と呪符』（鳥羽志摩漁撈調査報告）
三重県教育委員会編、津田豊彦執筆　一九六八
『埋もれた金印』（岩波新書）藤間生大
岩波書店　一九五〇
『吉野ヶ里』（佐賀県文化財調査報告書　第113集）
佐賀県教育庁文化財課　一九九二
『魏志倭人伝の世界――吉野ヶ里遺跡』七田忠昭
読売新聞社　一九九四
『吉野ヶ里遺跡は語る』大塚初重他　学生社　一九九二
『弥生時代の吉野ヶ里　集落の誕生から終焉まで』
佐賀県教育委員会文化課　二〇〇三
『佐賀県吉野ヶ里遺跡』　佐賀県教育委員会　二〇〇八
『吉野ヶ里遺跡発掘』七田忠昭　ポプラ社　一九九〇
『吉野ヶ里遺跡』（日本の遺跡2）七田忠昭
同成社　二〇〇五

『「紫」私考』（染色研究　15巻3号）武部猛
京都染色研究会刊　一九七一
『フェニキア紫雑考』（ミュージアム　227号）
美術出版社　一九七〇
『奄美の旅』（染色工芸　15号）吉岡常雄
田中直染料店　一九六七
『貝紫についての一考察』（国際服飾学会誌　No.1）
吉見逸郎　国際服飾学会　一九八四
『メキシコの貝紫――ドン・ルイス村とタナパラ村』
（季刊民族学　第2号）吉岡常雄
国立民族学博物館　一九八三
『アンデス文明の貝紫染』（大阪芸術大学紀要）吉岡常雄
大阪芸術大学　一九八四
『中国紫衣の格付けと貝紫染』（国際服飾学会誌　No.6）
王宇清他　国際服飾学会　一九八九

あとがき

紫色は美しい。優雅な色である。

この美しい色を生み出す染料の素材は、植物である。——といっても、そのことを知る人は少ない。ましで植物の名を知る人は、ほとんどいなかった。多くの人は、

「なんという植物ですか?」

と、聞く。

「紫草《むらさき》という名の植物ですよ」

と答えると、怪訝《けげん》な顔をしてふたたびその人は問う。

「では、その花の色は紫ですか?」と。

紫の色から、藤の花や杜若《かきつばた》を連想するらしい。しかし、紫草の花の色は純白である。直径六—七ミリほどの小さな五弁の花は、平らに開く。可憐で気品がある。この花の姿に似ず、根は太く、逞しく、しかも暗紫色をしているのだ。染料として使うのはこの根で、そのため「紫草染《むらさきぞめ》」と呼ばず、「紫根染《しこんぞめ》」という。色料としては根の外皮の暗紫色の部分だけで、根の内部は白色のコルク層のため、色料は含まれていない。

また、漢方の生薬《しょうやく》に利用するのも、根の外皮の暗紫色をしている部分だけである。

紫草はモンゴル、中国に広く分布する多年草で、かつては日本国中の北海道から九州の山野に自生していたが、土地の開発などで自生地を失い、今では絶滅寸前になってしまった。紫草を知る人が少ないのも当然かもしれない。

紫根染の技法は、中国から伝えられたといわれている。染料を得るための労力のほかに、濃紫色を染めるには紫根を多く必要とし、しかも染め重ねの回数も多くする。染料を繊維にしっかりと定着させるために、「枯らし」の歳月も必要である。したがって紫色の中でも最上位は「深紫《こき》」で、濃く染まった色を身に着けることのできるのは、臣下の最高位の人だけであった。

紫根による染色のむずかしさは、染料の温度管理にもあった。低温染なら紫の色味が優艶にあらわれるが、高温染にすると色素が壊れて、暗い灰紫色になる。この色を滅紫《めっし》と呼ぶが、それは「紫の匂い(色み)を滅す」の意からつけられたのである。

本書は、すべてが書き下しである。厳寒の季節に伝統的な方法で紫根染を行っている染色家を取材したのを皮切りに、紫草の花を追い、紫のゆかりを求めて各地へ旅に出た。『枕草子』の「なにもなにも、むらさきなるものは、めでたくこそあれ」の心境であった。

取材を重ねるたびに、取材者冥利だとおもうことは多い。吉野ヶ里遺跡から出土した貝紫染の、極小の布断片を見ることができたのもその一つである。とくにお願いをして見る機会を得たのだが、弥生時代中期のこの小さな布片が、日本の貝紫染の存在を語っていたのである。言葉では表現できないほどの驚きと感銘であった。

貝紫染については、シェイクスピアが「帆は紫に、馥郁たる香気」と書いているように、クレオパトラは紫の帆を張って舟遊びをしたという。この帆を染めた貝紫の貝の数は厖大で、たいへんな贅沢として伝えられている。そのため貝紫染は高価であるという印象が日本にはあるが、吉野ヶ里遺跡から出土した貝紫染を目の前にしたとき、私は人間のもつ、素朴な生きる知恵を教えられた気がした。

二千年の遠い昔、当時の中国には貝紫染は存在しなかったという。とすれば、私たちの祖先が有明海に棲息する貝を採取して食し、偶然腮下腺《さいかせん》（パープル腺）の色の変化を知り、利用するようになったのだろう。夢のような話だが、タイム・マシーンを使って弥生時代に行き、当時の人々と話がしたいとおもった。

が、その一方で、海洋国日本がもっていたであろう貝紫染の文化を、歴史的に辿って研究したいと切に願うのだった。

いま、「あとがき」を書くに当って、目まぐるしく過ぎた取材の日々をおもう。その取材に、快く応じてくださった方々に助けられて、この小著を世に出すことができる。取材の旅はいつでも一期一会だが、そのお一人、お一人にお礼を申したい。

また、本書の出版にあたり、法政大学出版局編集代表の秋田公士氏にはたいへんお世話になった。ここに記してお礼を申し上げる。

二〇〇九年　錦秋

竹内淳子

著者略歴

竹内淳子（たけうち　じゅんこ）

東京に生まれる．現・大妻女子大学卒業．同校助手となり，岩根マス先生（被服学），瀬川清子先生（民俗学）に師事．民俗学者（日本民俗学会会員，「ものと人間の文化を研究する会」主宰）．著書に『藍』Ⅰ・Ⅱ，『草木布』Ⅰ・Ⅱ，『紅花』（以上，法政大学出版局），『民芸の旅』『現代の工芸』（保育社），『木綿の旅』（駸々堂），『織りと染めもの』（ぎょうせい），『工芸家になるには』（ぺりかん社），『工芸』（近藤出版社，共著），『備前』（保育社，共著）ほか多数．

ものと人間の文化史　148・**紫**　紫草から貝紫まで

2009年10月20日　初版第1刷発行

発行所 財団法人 法政大学出版局

〒102-0073 東京都千代田区九段北3-2-7

電話03(5214)5540 振替00160-6-95814

組版・印刷：平文社　製本：誠製本

ISBN 978-4-588-21481-3

Printed in Japan

ものと人間の文化史

★第9回梓会出版文化賞受賞

人間が〈もの〉とのかかわりを通じて営々と築いてきた暮らしの足跡を具体的に辿りつつ文化・文明の基礎を問いなおす。手づくりの〈もの〉の記憶が失われ、〈もの〉離れが進行する危機の時代におくる豊穣な百科叢書。

1 船　須藤利一編

海国日本では古来、漁業・水運・交易はもとより、大陸文化も船によって運ばれた。本書は造船技術、航海の模様の推移を中心に、漂流、船霊信仰、伝説の数々を語る。四六判３６８頁 '68

2 狩猟　直良信夫

人類の歴史は狩猟から始まった。本書は、わが国の遺跡に出土する獣骨、猟具の実証的考察をおこないながら、狩猟をつうじて発展した人間の知恵と生活の軌跡を辿る。四六判２７２頁 '68

3 からくり　立川昭二

〈からくり〉は自動機械であり、驚嘆すべき庶民の技術的創意がこめられている。本書は、日本と西洋のからくりを発掘・復元・遍歴し、埋もれた技術の水脈をさぐる。四六判４１０頁 '69

4 化粧　久下司

美を求める人間の心が生みだした化粧—その手法と道具に語らせた人間の欲望と本性、そして社会関係。歴史を遡り、全国を踏査して書かれた比類ない美と醜の文化史。四六判３６８頁 '70

5 番匠　大河直躬

番匠はわが国中世の建築工匠。地方・在地を舞台に開花した彼らの造型・装飾・工法等の諸技術、さらに信仰と生活等、職人以前の独自で多彩な工匠的世界を描き出す。四六判２８８頁 '71

6 結び　額田巌

〈結び〉の発達は人間の叡知の結晶である。本書はその諸形態および技法を作業・装飾・象徴の三つの系譜に辿り、〈結び〉のすべてを民俗学的・人類学的に考察する。四六判２６４頁 '72

7 塩　平島裕正

人類史に貴重な役割を果たしてきた塩をめぐって、発見から伝承・製造技術の発展過程にいたる総体を歴史的に描き出すとともに、その多彩な効用と味覚の秘密を解く。四六判２７２頁 '73

8 はきもの　潮田鉄雄

田下駄・かんじき・わらじなど、日本人の生活の礎となってきた伝統的はきものの成り立ちと変遷を、二〇年余の実地調査と細密な観察・描写によって辿る庶民生活史　四六判２８０頁 '73

9 城　井上宗和

古代城塞・城柵から近世代名の居城として集大成されるまでの日本の城の変遷を辿り、文化の各領野で果たしてきたその役割を再検討。あわせて世界城郭史に位置づける。四六判３１０頁 '73

10 竹　室井綽

食生活、建築、民芸、造園、信仰等々にわたって、竹と人間との交流史は驚くほど深く永い。その多岐にわたる発展の過程を個々に辿り、竹の特異な性格を浮彫にする。四六判３２４頁 '73

11 海藻　宮下章

古来日本人にとって生活必需品とされてきた海藻をめぐって、その採取・加工法の変遷、商品としての流通史および神事・祭事での役割に至るまでを歴史的に考証する。四六判３３０頁 '74

12 絵馬 岩井宏實

古くは祭礼における神への献馬にはじまり、民間信仰と絵画のみごとな結晶として民衆の手で描かれ祀り伝えられてきた各地の絵馬を豊富な写真と史料によってたどる。四六判302頁 '74

13 機械 吉田光邦

畜力・水力・風力などの自然のエネルギーを利用し、幾多の改良を経て形成された初期の機械の歩みを検証し、日本文化の形成における科学・技術の役割を再検討する。四六判242頁 '74

14 狩猟伝承 千葉徳爾

狩猟には古来、感謝と慰霊の祭祀がともない、人獣交渉の豊かで意味深い歴史があった。狩猟用具、巻物、儀式具、またけものたちの生態を通して語る狩猟文化の世界。四六判346頁 '75

15 石垣 田淵実夫

採石から運搬、加工、石積みに至るまで、石垣の造成をめぐって積み重ねられてきた石工たちの苦闘の足跡を掘り起こし、その独自な技術の形成過程と伝承を集成する。四六判224頁 '75

16 松 高嶋雄三郎

日本人の精神史に深く根をおろした松の伝承に光を当て、食用、薬用等の実用の松、祭祀・観賞用の松、さらに文学・芸能・美術に表現された松のシンボリズムを説く。四六判342頁 '75

17 釣針 直良信夫

人と魚との出会いから現在に至るまで、釣針がたどった一万有余年の変遷を、世界各地の遺跡出土物を通して実証しつつ、漁撈によって生きた人々の生活と文化を探る。四六判278頁 '76

18 鋸 吉川金次

鋸鍛冶の家に生まれ、鋸の研究を生涯の課題とする著者が、出土遺品や文献・絵画により各時代の鋸を復元・実験し、庶民の手仕事にみられる驚くべき合理性を実証する。四六判360頁 '76

19 農具 飯沼二郎／堀尾尚志

鍬と犂の交代・進化の歩みとして発達したわが国農耕文化の発展経過を世界史的視野において再検討しつつ、無名の農民たちによる驚くべき創意のかずかずを記録する。四六判220頁 '76

20 包み 額田巖

結びとともに文化の起源にかかわる〈包み〉の系譜を人類史的視野において捉え、衣・食・住をはじめ社会・経済史、信仰、祭事などにおけるその実際と役割とを描く。四六判354頁 '77

21 蓮 阪本祐二

仏教における蓮の象徴的位置の成立と深化、美術・文芸等に見る人間とのかかわりを歴史的に考察。また大賀蓮はじめ多様な品種とその来歴を紹介しつつその美を語る。四六判306頁 '77

22 ものさし 小泉袈裟勝

ものをつくる人間にとって最も基本的な道具であり、数千年にわたって社会生活を律してきたその変遷を実証的に追求し、歴史の中で果たしてきた役割を浮彫りにする。四六判314頁 '77

23-I 将棋I 増川宏一

その起源を古代インドに、我国への伝播の道すじを海のシルクロードに探り、また伝来後一千年におよぶ日本将棋の変化と発展を盤、駒、ルール等にわたって跡づける。四六判280頁 '77

23-Ⅱ 将棋Ⅱ　増川宏一

わが国伝来後の普及と変遷を貴族や武家・豪商の日記等に博捜し、遊戯者の歴史をあとづけると共に、中国伝来説の誤りを正し、将棋宗家の位置と役割を明らかにする。四六判３４６頁 '85

24 湿原祭祀　第2版　金井典美

古代日本の自然環境に着目し、各地の湿原聖地を稲作社会との関連において捉え直して古代国家成立の背景を浮彫にしつつ、水と植物にまつわる日本人の宇宙観を探る。四六判４１０頁 '77

25 臼　三輪茂雄

臼が人類の生活文化の中で果たしてきた役割を、各地に遺る貴重な民俗資料・伝承と実地調査にもとづいて解明。失われゆく道具のなかに、未来の生活文化の姿を探る。四六判４１２頁 '78

26 河原巻物　盛田嘉徳

中世末期以来の被差別部落民が生きる権利を守るために偽作し護り伝えてきた河原巻物を全国にわたって踏査し、そこに秘められた最底辺の人びとの叫びに耳を傾ける。四六判２２６頁 '78

27 香料　日本のにおい　山田憲太郎

焼香供養の香から趣味としての薫物へ、さらに沈香木を焚く香道へと変遷した日本の「匂い」の歴史を豊富な史料に基づいて辿り、我国風俗史の知られざる側面を描く。四六判３７０頁 '78

28 神像　神々の心と形　景山春樹

神仏習合によって変貌しつつも、常にその原型＝自然を保持してきた日本の神々の造型を図像学的方法によって捉え直し、その多彩な形象に日本人の精神構造をさぐる。四六判３４２頁 '78

29 盤上遊戯　増川宏一

祭具・占具としての発生を『死者の書』をはじめとする古代の文献にさぐり、形状・遊戯法を分類しつつその〈進化〉の過程を考察。〈遊戯者たちの歴史〉をも跡づける。四六判３２６頁 '78

30 筆　田淵実夫

筆の里・熊野に筆づくりの現場を訪ねて、筆匠たちの境涯と製筆の由来を克明に記録しつつ、筆の発生と変遷、種類、製筆法、さらには筆塚、筆供養にまで説きおよぶ。四六判２０４頁 '78

31 ろくろ　橋本鉄男

日本の山野を漂移しつづけ、高度の技術文化と幾多の伝説とをもたらした特異な旅職集団＝木地屋の生態を、その呼称、地名、伝承、文書等をもとに生き生きと描く。四六判４６０頁 '79

32 蛇　吉野裕子

日本古代信仰の根幹をなす蛇巫をめぐって、祭事におけるさまざまな蛇の「もどき」や各種の蛇の造型・伝承に鋭い考証を加え、忘れられたその呪性を大胆に暴き出す。四六判２５０頁 '79

33 鋏（はさみ）　岡本誠之

梃子の原理の発見から鋏の誕生に至る過程を推理し、日本鋏の特異な歴史的位置を明らかにするとともに、刀鍛冶等から転進した鋏職人たちの創意と苦闘の跡をたどる。四六判３９６頁 '79

34 猿　廣瀬鎮

嫌悪と愛玩、軽蔑と畏敬の交錯する日本人とサルとの関わりあいの歴史を、狩猟伝承や祭祀・風習、美術・工芸や芸能のなかに探り、日本人の動物観を浮彫りにする。四六判２９２頁 '79

35 **鮫** 矢野憲一
神話の時代から今日まで、津々浦々につたわるサメの伝承とサメをめぐる海の民俗を集成し、神饌、食用、薬用等に活用されてきたサメと人間のかかわりの変遷を描く。四六判292頁 '79

36 **枡** 小泉袈裟勝
米の経済の枢要をなす器として千年余にわたり日本人の生活の中に生きてきた枡の変遷をたどり、記録・伝承をもとにこの独特な計量器が果たした役割を再検討する。四六判322頁 '80

37 **経木** 田中信清
食品の包装材料として近年まで身近に存在した経木の起源を、こけら経や塔婆、木簡、屋根板等に遡って明らかにし、その製造・流通に携った人々の労苦の足跡を辿る。四六判288頁 '80

38 **色** 染と色彩 前田雨城
わが国古代の染色技術の復元と文献解読をもとに日本色彩史を体系づけ、赤・白・青・黒等におけるわが国独自の色彩感覚を探りつつ日本文化における色の構造を解明。四六判320頁 '80

39 **狐** 陰陽五行と稲荷信仰 吉野裕子
その伝承と文献を渉猟しつつ、中国古代哲学＝陰陽五行の原理の応用という独自の視点から、謎とされてきた稲荷信仰と狐との密接な結びつきを明快に解き明かす。四六判232頁 '80

40-Ⅰ **賭博Ⅰ** 増川宏一
時代、地域、階層を超えて連綿と行なわれてきた賭博。――その起源を古代の神判、スポーツ、遊戯等の中に探り、抑圧と許容の歴史を物語る。全Ⅲ分冊の〈総説篇〉。四六判298頁 '80

40-Ⅱ **賭博Ⅱ** 増川宏一
古代インド文学の世界からラスベガスまで、賭博の形態・用具・方法の時代的特質を明らかにし、夥しい禁令に賭博の不滅のエネルギーを見る。全Ⅲ分冊の〈外国篇〉。四六判456頁 '82

40-Ⅲ **賭博Ⅲ** 増川宏一
聞香、闘茶、笠附等、わが国独特の賭博を中心にその具体例を網羅し、方法の変遷に賭博の時代性を探りつつ禁令の改廃に時代の賭博観を追う。全Ⅲ分冊の〈日本篇〉。四六判388頁 '83

41-Ⅰ **地方仏Ⅰ** むしゃこうじ・みのる
古代から中世にかけて全国各地で作られた無銘の仏像を訪ね、素朴で多様なノミの跡に民衆の祈りと地域の願望を探る。宗教の伝播、文化の創造を考える異色の紀行。四六判256頁 '80

41-Ⅱ **地方仏Ⅱ** むしゃこうじ・みのる
紀州や飛騨を中心に草の根の仏たちを訪ねて、その相好と像容の魅力を探り、技法を比較考証して仏像彫刻史に位置づけつつ、中世地域社会の形成と信仰の実態に迫る。四六判260頁 '97

42 **南部絵暦** 岡田芳朗
田山・盛岡地方で「盲暦」として古くから親しまれてきた独得の絵解き暦を詳しく紹介しつつその全体像を復元する。その無類の生活暦は、南部農民の哀歓をつたえる。四六判288頁 '80

43 **野菜** 在来品種の系譜 青葉高
蕪、大根、茄子等の日本在来野菜をめぐって、その渡来・伝播経路、品種分布と栽培のいきさつを各地の伝承や古記録をもとに辿り、畑作文化の源流とその風土を描く。四六判368頁 '81

44 つぶて　中沢厚
弥生投弾、古代・中世の石戦と印地の様相、投石具の発達を展望しつつ、願かけの小石、正月つぶて、石こづみ等の習俗を辿り、石塊に託した民衆の願いや怒りを探る。四六判338頁 '81

45 壁　山田幸一
弥生時代から明治期に至るわが国の壁の変遷を壁塗＝左官工事の側面から辿り直し、その技術的復元・考証を通じて建築史・文化史における壁の役割を浮き彫りにする。四六判296頁 '81

46 簞笥（たんす）　小泉和子
近世における簞笥の出現＝箱から抽斗への転換に着目し、以降近現代に至るその変遷を社会・経済・技術の側面からあとづける。著者自身による簞笥製作の記録を付す。四六判378頁 '82

47 木の実　松山利夫
山村の重要な食糧資源であった木の実をめぐる各地の記録・伝承を集成し、その採集・加工における幾多の試みを実地に検証しつつ、稲作農耕以前の食生活文化を復元。四六判384頁 '82

48 秤（はかり）　小泉袈裟勝
秤の起源を東西に探るとともに、わが国律令制下における中国制度の導入、近世商品経済の発展に伴う秤座の出現、明治期近代化政策による洋式秤受容等の経緯を描く。四六判326頁 '82

49 鶏（にわとり）　山口健児
神話・伝説をはじめ遠い歴史の中の鶏を古今東西の伝承・文献に探り、特に我国の信仰・絵画・文学等に遺された鶏の足跡を追って、鶏をめぐる民俗の記憶を蘇らせる。四六判346頁 '83

50 燈用植物　深津正
人類が燈火を得るために用いてきた多種多様な植物との出会いと個個の植物の来歴、特性及びはたらきを詳しく検証しつつ「あかり」の原点を問いなおす異色の植物誌。四六判442頁 '83

51 斧・鑿・鉋（おの・のみ・かんな）　吉川金次
古墳出土品や文献・絵画をもとに、古代から現代までの斧・鑿・鉋を復元・実験し、労働体験によって生まれた民衆の知恵と道具の変遷を蘇らせる異色の日本木工具史。四六判304頁 '84

52 垣根　額田巌
大和・山辺の道に神々と垣との関わりを探り、各地に垣の伝承を訪ねて、寺院の垣、民家の垣、露地の垣など、風土と生活に培われた生垣の独特のはたらきと美を描く。四六判234頁 '84

53-Ⅰ 森林Ⅰ　四手井綱英
森林生態学の立場から、森林のなりたちとその生活史を辿りつつ、産業の発展と消費社会の拡大により刻々と変貌する森林の現状を語り、未来への再生のみちをさぐる。四六判306頁 '85

53-Ⅱ 森林Ⅱ　四手井綱英
森林と人間との多様なかかわりを包括的に語り、人と自然が共生するための森や里山をいかにして創出するか、森林再生への具体的な方策を提示する21世紀への提言。四六判308頁 '98

53-Ⅲ 森林Ⅲ　四手井綱英
地球規模で進行しつつある森林破壊の現状を実地に踏査し、森と人が共存する日本人の伝統的自然観を未来へ伝えるために、いま何が必要なのかを具体的に提言する。四六判304頁 '00

54 **海老**（えび）　酒向昇
人類との出会いからエビの科学、漁法、さらには調理法を語り、めでたい姿態と色彩にまつわる多彩なエビの民俗を、地名や人名、詩歌・文学、絵画や芸能の中に探る。　四六判４２８頁　'85

55-Ⅰ **藁**（わら）Ⅰ　宮崎清
稲作農耕とともに二千年余の歴史をもち、日本人の全生活領域に生きてきた藁の文化を日本文化の原型として捉え、風土に根ざしたそのゆたかな遺産を詳細に検討する。　四六判４００頁　'85

55-Ⅱ **藁**（わら）Ⅱ　宮崎清
床・畳から壁・屋根にいたる住居における藁の製作・使用のメカニズムを明らかにし、日本人の生活空間における藁の役割を見なおすとともに、藁の文化の復権を説く。　四六判４００頁　'85

56 **鮎**　松井魁
清楚な姿態と独特な味覚によって、日本人の目と舌を魅了しつづけてきたアユ——その形態と分布、生態、漁法等を詳述し、古今のアユ料理や文芸にみるアユにおよぶ。　四六判２９６頁　'86

57 **ひも**　額田巌
物と物、人と物とを結びつける不思議な力を秘めた「ひも」の謎を追って、民俗学的視点から多角的なアプローチを試みる。『結び』、『包み』につづく三部作の完結篇。　四六判２５０頁　'86

58 **石垣普請**　北垣聰一郎
近世石垣の技術者集団「穴太」の足跡を辿り、各地城郭の石垣遺構の実地調査と資料・文献をもとに石垣普請の歴史的系譜を復元しつつ石工たちの技術伝承を集成する。　四六判４３８頁　'87

59 **碁**　増川宏一
その起源を古代の盤上遊戯に探ると共に、定着以来二千年の歴史を時代の状況や遊び手の社会環境との関わりにおいて跡づける。逸話や伝説を排して綴る初の囲碁全史。　四六判３６６頁　'87

60 **日和山**（ひよりやま）　南波松太郎
千石船の時代、航海の安全のために観天望気した日和山——多くは忘れられ、あるいは失われた船舶・航海史の貴重な遺跡を追って、全国津々浦々におよんだ調査紀行。　四六判３８２頁　'88

61 **篩**（ふるい）　三輪茂雄
臼とともに人類の生産活動に不可欠な道具であった篩、箕（み）、笊（ざる）の多彩な変遷を豊富な図解入りでたどり、現代技術の先端に再生するまでの歩みをえがく。　四六判３３４頁　'89

62 **鮑**（あわび）　矢野憲一
縄文時代以来、貝肉の美味と貝殻の美しさによって日本人を魅了し続けてきたアワビ——その生態と養殖、神饌としての歴史、漁法、螺鈿の技法からアワビ料理に及ぶ。　四六判３４４頁　'89

63 **絵師**　むしゃこうじ・みのる
日本古代の渡来画工から江戸前期の菱川師宣まで、時代の代表的絵師の列伝で辿る絵画制作の文化史。前近代社会における絵画の意味や芸術創造の社会的条件を考える。　四六判２３０頁　'90

64 **蛙**（かえる）　碓井益雄
動物学の立場からその特異な生態を描き出すとともに、和漢洋の文献資料を駆使して故事・習俗・神事・民話・文芸・美術工芸にわたる蛙の多彩な活躍ぶりを活写する。　四六判３８２頁　'89

65-Ⅰ 藍（あい）Ⅰ 風土が生んだ色 竹内淳子

全国各地の〈藍の里〉を訪ねて、藍栽培から染色・加工のすべてにわたり、藍とともに生きた人々の伝承を克明に描き、風土と人間が生んだ〈日本の色〉の秘密を探る。四六判416頁 '91

65-Ⅱ 藍（あい）Ⅱ 暮らしが育てた色 竹内淳子

日本の風土に生まれ、伝統に育てられた藍が、今なお暮らしの中で生き生きと活躍しているさまを、手わざに生きる人々との出会いを通じて描く。藍の里紀行の続篇。四六判406頁 '99

66 橋 小山田了三

丸木橋・舟橋・吊橋から板橋・アーチ型石橋まで、人々に親しまれてきた各地の橋を訪ねて、その来歴と築橋の技術伝承を辿り、土木文化の伝播・交流の足跡をえがく。四六判312頁 '91

67 箱 宮内悊

日本の伝統的な箱（櫃）と西欧のチェストを比較文化史の視点から考察し、居住・収納・運搬・装飾の各分野における箱の重要な役割とその多彩な文化を浮彫りにする。四六判390頁 '91

68-Ⅰ 絹Ⅰ 伊藤智夫

養蚕の起源を神話や説話に探り、伝来の時期とルートを跡づけ、記紀・万葉の時代から近世に至るまで、それぞれの時代・社会・階層が生み出した絹の文化を描き出す。四六判304頁 '92

68-Ⅱ 絹Ⅱ 伊藤智夫

生糸と絹織物の生産と輸出が、わが国の近代化にはたした役割を描くと共に、養蚕の道具、信仰や庶民生活にわたる養蚕と絹の民俗、さらには蚕の種類と生態におよぶ。四六判294頁 '92

69 鯛（たい） 鈴木克美

古来「魚の王」とされてきた鯛をめぐって、その生態・味覚から漁法、祭り、工芸、文芸にわたる多彩な伝承文化を語りつつ、鯛と日本人とのかかわりの原点をさぐる。四六判418頁 '92

70 さいころ 増川宏一

古代神話の世界から近現代の博徒の動向まで、さいころの役割を各時代・社会に位置づけ、木の実や貝殻のさいころから投げ棒型や立方体のさいころへの変遷をたどる。四六判374頁 '92

71 木炭 樋口清之

炭の起源から炭焼、流通、経済、文化にわたる木炭の歩みを歴史・考古・民俗の知見を総合して描き出し、独自で多彩な文化を育んできた木炭の尽きせぬ魅力を語る。四六判296頁 '93

72 鍋・釜（なべ・かま） 朝岡康二

日本をはじめ韓国、中国、インドネシアなど東アジアの各地を歩きながら鍋・釜の製作と使用の現場に立ち会い、調理をめぐる庶民生活の変遷とその交流の足跡を探る。四六判326頁 '93

73 海女（あま） 田辺悟

その漁の実際と社会組織、風習、信仰、民具などを克明に描くとともに海女の起源・分布・交流を探り、わが国漁撈文化の古層としての海女の生活と文化をあとづける。四六判294頁 '93

74 蛸（たこ） 刀禰勇太郎

蛸をめぐる信仰や多彩な民間伝承を紹介するとともに、その生態・分布・捕獲法・繁殖と保護・調理法などを集成し、日本人と蛸との知られざるかかわりの歴史を探る。四六判370頁 '94

75 曲物（まげもの） 岩井宏實
桶・樽出現以前から伝承され、古来最も簡便・重宝な木製容器として愛用された曲物の加工技術と機能・利用形態の変遷をさぐり、手づくりの「木の文化」を見なおす。四六判318頁 '94

76-Ⅰ 和船Ⅰ 石井謙治
江戸時代の海運を担った千石船（弁才船）について、その構造と技術、帆走性能を綿密に調査し、通説の誤りを正すとともに、海難と信仰、船絵馬等の考察にもおよぶ。四六判436頁 '95

76-Ⅱ 和船Ⅱ 石井謙治
造船史から見た著名な船を紹介し、遣唐使船や遣欧使節船、幕末の洋式船における外国技術の導入について論じつつ、船の名称と船型を海船・川船にわたって解説する。四六判316頁 '95

77-Ⅰ 反射炉Ⅰ 金子功
日本初の佐賀鍋島藩の反射炉と精錬方＝理化学研究所、島津藩の反射炉と集成館＝近代工場群を軸に、日本の産業革命の時代における人と技術を現地に訪ねて発掘する。四六判244頁 '95

77-Ⅱ 反射炉Ⅱ 金子功
伊豆韮山の反射炉をはじめ、全国各地の反射炉建設にかかわった有名無名の人々の足跡をたどり、開国か攘夷かに揺れる幕末の政治と社会の悲喜劇をも生き生きと描く。四六判226頁 '95

78-Ⅰ 草木布（そうもくふ）Ⅰ 竹内淳子
風土に育まれた布を求めて全国各地を歩き、木綿普及以前に山野の草木を利用して豊かな衣生活文化を築き上げてきた庶民の知られざる知恵のかずかずを実地にさぐる。四六判282頁 '95

78-Ⅱ 草木布（そうもくふ）Ⅱ 竹内淳子
アサ、クズ、シナ、コウゾ、カラムシ、フジなどの草木の繊維から、どのようにして糸を採り、布を織っていたのか——聞書きをもとに忘れられた技術と文化を発掘する。四六判282頁 '95

79-Ⅰ すごろくⅠ 増川宏一
古代エジプトのセネト、ヨーロッパのバクギャモン、中近東のナルド、中国の双陸などの系譜に日本の盤雙六を位置づけ、遊戯・賭博としてのその数奇なる運命を辿る。四六判312頁 '95

79-Ⅱ すごろくⅡ 増川宏一
ヨーロッパの鵞鳥のゲームから日本中世の浄土双六、近世の華麗な絵双六、さらには近現代の少年誌の附録まで、絵双六の変遷を追って時代の社会・文化を読みとる。四六判390頁 '95

80 パン 安達巖
古代オリエントに起ったパン食文化が中国・朝鮮を経て弥生時代の日本に伝えられたことを史料と伝承をもとに解明し、わが国パン食文化二〇〇〇年の足跡を描き出す。四六判260頁 '96

81 枕（まくら） 矢野憲一
神さまの枕・大嘗祭の枕から枕絵の世界まで、人生の三分の一を共に過す枕をめぐって、その材質の変遷を辿り、伝説と怪談、俗信と民俗、エピソードを興味深く語る。四六判252頁 '96

82-Ⅰ 桶・樽（おけ・たる）Ⅰ 石村真一
日本、中国、朝鮮、ヨーロッパにわたる厖大な資料を集成してその豊かな文化の系譜を探り、東西の木工技術史を比較しつつ世界史的視野から桶・樽の文化を描き出す。四六判388頁 '97

82-Ⅱ **桶・樽**（おけ・たる）Ⅱ　石村真一

多数の調査資料と絵画・民俗資料をもとにその製作技術を復元し、東西の木工技術を比較考証しつつ、技術文化史の視点から桶・樽製作の実態とその変遷を跡づける。　四六判３７２頁　'97

82-Ⅲ **桶・樽**（おけ・たる）Ⅲ　石村真一

樹木と人間とのかかわり、製作者と消費者とのかかわりを通じて桶樽と生活文化の変遷を考察し、木材資源の有効利用という視点から桶樽の文化史的役割を浮彫にする。　四六判３５２頁　'97

83-Ⅰ **貝Ⅰ**　白井祥平

世界各地の現地調査と文献資料を駆使して、古来至高の財宝とされてきた宝貝のルーツとその変遷を探り、貝と人間とのかかわりの歴史を「貝貨」の文化史として描く。　四六判３８６頁　'97

83-Ⅱ **貝Ⅱ**　白井祥平

サザエ、アワビ、イモガイなど古来人類とかかわりの深い貝をめぐって、その生態・分布・地方名、装身具や貝貨としての利用法などを豊富なエピソードを交えて語る。　四六判３２８頁　'97

83-Ⅲ **貝Ⅲ**　白井祥平

シンジュガイ、ハマグリ、アカガイ、シャコガイなどをめぐって世界各地の民族誌を渉猟し、それらが人類文化に残した足跡を辿る。参考文献一覧／総索引を付す。　四六判３９２頁　'97

84 **松茸**（まったけ）　有岡利幸

秋の味覚として古来珍重されてきた松茸の由来を求めて、稲作文化と里山（松林）の生態系から説きおこし、日本人の伝統的生活文化の中に松茸流行の秘密をさぐる。　四六判２９６頁　'97

85 **野鍛冶**（のかじ）　朝岡康二

鉄製農具の製作・修理・再生を担ってきた農鍛冶の歴史的役割を探り、近代化の大波の中で変貌する職人技術の実態をアジア各地のフィールドワークを通して描き出す。　四六判２８０頁　'98

86 **稲**　品種改良の系譜　菅　洋

作物としての稲の誕生、稲の渡来と伝播の経緯から説きおこし、明治以降主として庄内地方の民間育種家の手によって飛躍的発展をとげたわが国品種改良の歩みを描く。　四六判３３２頁　'98

87 **橘**（たちばな）　吉武利文

永遠のかぐわしい果実として日本の神話・伝説に特別の位置を占めて語り継がれてきた橘をめぐって、その育まれた風土とかずかずの伝承の中に日本文化の特質を探る。　四六判２８６頁　'98

88 **杖**（つえ）　矢野憲一

神の依代としての杖や仏教の錫杖に杖と信仰とのかかわりを探り、人類が突きつつ歩んだその歴史と民俗を興味ぶかく語る。多彩な材質と用途を網羅した杖の博物誌。　四六判３１４頁　'98

89 **もち**（糯・餅）　渡部忠世／深澤小百合

モチイネの栽培・育種から食品加工、民俗、儀礼にわたってそのルーツと伝承の足跡をたどり、アジア稲作文化という広範な視野からこの特異な食文化の謎を解明する。　四六判３３０頁　'98

90 **さつまいも**　坂井健吉

その栽培の起源と伝播経路を跡づけるとともに、わが国伝来後四百年の経緯を詳細にたどり、世界に冠たる育種と栽培・利用法を築いた人々の知られざる足跡をえがく。　四六判３２８頁　'99

91 珊瑚（さんご） 鈴木克美
海岸の自然保護に重要な役割を果たす岩石サンゴから宝飾品として知られる宝石サンゴまで、人間生活と深くかかわってきたサンゴの多彩な姿を人類文化史として描く。四六判370頁 '99

92-Ⅰ 梅Ⅰ 有岡利幸
万葉集、源氏物語、五山文学などの古典や天神信仰に表れた梅の足跡を克明に辿りつつ日本人の精神史に刻印された梅を浮彫にし、梅と日本人の二〇〇〇年史を描く。四六判274頁 '99

92-Ⅱ 梅Ⅱ 有岡利幸
その植生と栽培、伝承、梅の名所や鑑賞法の変遷から戦前の国定教科書に表れた梅まで、梅と日本人との多彩なかかわりを探り、桜との対比において梅の文化史を描く。四六判338頁 '99

93 木綿口伝（もめんくでん） 第2版 福井貞子
老女たちからの聞書を経糸とし、厖大な遺品・資料を緯糸として、母から娘へと幾代にも伝えられた手づくりの木綿文化を掘り起し、近代の木綿の盛衰を描く。増補版 四六判336頁 '00

94 合せもの 増川宏一
「合せる」には古来、一致させるの他に、競う、闘う、比べる等の意味があった。貝合せや絵合せ等の遊戯・賭博を中心に、広範な人間の営みを「合せる」行為に辿る。四六判300頁 '00

95 野良着（のらぎ） 福井貞子
明治初期から昭和四〇年までの野良着を収集・分類・整理し、それらの用途と年代、形態、材質、重量、呼称などを精査して、働く庶民の創意にみちた生活史を描く。四六判292頁 '00

96 食具（しょくぐ） 山内昶
東西の食文化に関する資料を渉猟し、食法の違いを人間の自然に対するかかわり方の違いとして捉えつつ、食具を人間と自然をつなぐ基本的な媒介物として位置づける。四六判292頁 '00

97 鰹節（かつおぶし） 宮下章
黒潮からの贈り物・カツオの漁法から鰹節の製法や食法、商品としての流通までを歴史的に展望するとともに、沖縄やモルジブ諸島の調査をもとにそのルーツを探る。四六判382頁 '00

98 丸木舟（まるきぶね） 出口晶子
先史時代から現代の高度文明社会まで、もっとも長期にわたり使われてきた刳り舟に焦点を当て、その技術伝承を辿りつつ、森や水辺の文化の広がりと動態をえがく。四六判324頁 '01

99 梅干（うめぼし） 有岡利幸
日本人の食生活に不可欠の自然食品・梅干をつくりだした先人たちの知恵に学ぶとともに、健康増進に驚くべき薬効を発揮する、その知られざるパワーの秘密を探る。四六判300頁 '01

100 瓦（かわら） 森郁夫
仏教文化と共に中国・朝鮮から伝来し、一四〇〇年にわたり日本の建築を飾ってきた瓦をめぐって、発掘資料をもとにその製造技術、形態、文様などの変遷をたどる。四六判320頁 '01

101 植物民俗 長澤武
衣食住から子供の遊びまで、幾世代にも伝承された植物をめぐる暮らしの知恵を克明に記録し、高度経済成長期以前の農山村の豊かな生活文化を愛惜をこめて描き出す。四六判348頁 '01

102 **箸**（はし）　向井由紀子／橋本慶子

そのルーツを中国、朝鮮半島に探るとともに、日本人の食生活に不可欠の食具となり、日本文化のシンボルとされるまでに洗練された箸の文化の変遷を総合的に描く。　四六判３３４頁　'01

103 **採集**　ブナ林の恵み　赤羽正春

縄文時代から今日に至る採集・狩猟民の暮らしを復元し、動物の生態系と採集生活の関連を明らかにしつつ、民俗学と考古学の両面から山に生かされた人々の姿を描く。　四六判２９８頁　'01

104 **下駄**　神のはきもの　秋田裕毅

古墳や井戸等から出土する下駄に着目し、下駄が地上と地下の他界を結ぶ聖なるはきものであったという大胆な仮説を提出、日本の神々の忘れられた側面を浮彫にする。　四六判３０４頁　'02

105 **絣**（かすり）　福井貞子

膨大な絣遺品を収集・分類し、絣産地を実地に調査して絣の技法と文様の変遷を地域別・時代別に跡づけ、明治・大正・昭和の手づくりの染織文化の盛衰を描き出す。　四六判３１０頁　'02

106 **網**（あみ）　田辺悟

漁網を中心に、網に関する基本資料を網羅して網の変遷と網をめぐる民俗を体系的に描き出し、網の文化を集成する。「網に関する小事典」「網のある博物館」を付す。　四六判３１６頁　'02

107 **蜘蛛**（くも）　斎藤慎一郎

「土蜘蛛」の呼称で畏怖される一方「クモ合戦」など子供の遊びとしても親しまれてきたクモと人間との長い交渉の歴史をその深層に遡って追究した異色のクモ文化論。　四六判３２０頁　'02

108 **襖**（ふすま）　むしゃこうじ・みのる

襖の起源と変遷を建築史・絵画史の中に探りつつその用と美を浮彫にし、衝立・障子・屛風等と共に日本建築の空間構成に不可欠の建具となるまでの経緯を描き出す。　四六判２７０頁　'02

109 **漁撈伝承**（ぎょろうでんしょう）　川島秀一

漁師たちからの聞き書きをもとに、寄り物、船霊、大漁旗など、漁撈にまつわる〈もの〉の伝承を集成し、海の道によって運ばれた習俗や信仰の民俗地図を描き出す。　四六判３３４頁　'03

110 **チェス**　増川宏一

世界中に数億人の愛好者を持つチェスの起源と文化を、欧米における膨大な研究の蓄積を渉猟しつつ探り、日本への伝来の経緯から美術工芸品としてのチェスにおよぶ。　四六判２９８頁　'03

111 **海苔**（のり）　宮下章

海苔の歴史は厳しい自然とのたたかいの歴史だった――採取から養殖、加工、流通、消費に至る先人たちの苦難の歩みを史料と実地調査によって浮彫にする食物文化史。　四六判１７２頁　'03

112 **屋根**　檜皮葺と柿葺　原田多加司

屋根葺師一〇代の著者が、自らの体験と職人の本懐を語り、連綿として受け継がれてきた伝統の手わざを体系的にたどりつつ伝統技術の保存と継承の必要性を訴える。　四六判３４０頁　'03

113 **水族館**　鈴木克美

初期水族館の歩みを創始者たちの足跡を通して辿りなおし、水族館をめぐる社会の発展と風俗の変遷を描き出すとともにその未来像をさぐる初の〈日本水族館史〉の試み。　四六判２９０頁　'03

114 古着（ふるぎ）　朝岡康二
仕立てと着方、管理と保存、再生と再利用等にわたり衣生活の変容を近代の日常生活の変化として捉え直し、衣服をめぐるリサイクル文化が形成される経緯を描き出す。四六判２９２頁 '03

115 柿渋（かきしぶ）　今井敬潤
染料・塗料をはじめ生活百般の必需品であった柿渋の伝承を記録し、文献資料をもとにその製造技術と利用の実態を明らかにして、忘れられた豊かな生活技術を見直す。四六判２９４頁 '03

116-I 道I　武部健一
道の歴史を先史時代から説き起こし、古代律令制国家の要請によって駅路が設けられ、しだいに幹線道路として整えられてゆく経緯を技術史・社会史の両面からえがく。四六判２４８頁 '03

116-II 道II　武部健一
中世の鎌倉街道、近世の五街道、近代の開拓道路から現代の高速道路網までを通観し、道路を拓いた人々の手によって今日の交通ネットワークが形成された歴史を語る。四六判２８０頁 '03

117 かまど　狩野敏次
日常の煮炊きの道具であるとともに祭りと信仰に重要な位置を占めてきたカマドをめぐる忘れられた伝承を掘り起こし、民俗空間の壮大なコスモロジーを浮彫りにする。四六判２９２頁 '04

118-I 里山I　有岡利幸
縄文時代から近世までの里山の変遷を人々の暮らしと植生の変化の両面から跡づけ、その源流を記紀万葉に描かれた里山の景観や大和・三輪山の古記録・伝承等に探る。四六判２７６頁 '04

118-II 里山II　有岡利幸
明治の地租改正による山林の混乱、相次ぐ戦争による山野の荒廃、エネルギー革命、高度成長による大規模開発など、近代化の荒波に翻弄される里山の見直しを説く。四六判２７４頁 '04

119 有用植物　菅　洋
人間生活に不可欠のものとして利用されてきた身近な植物たちの来歴と栽培・育種・品種改良・伝播の経緯を平易に語り、植物と共に歩んだ文明の足跡を浮彫にする。四六判３２４頁 '04

120-I 捕鯨I　山下渉登
世界の海で展開された鯨と人間との格闘の歴史を振り返り、「大航海時代」の副産物として開始された捕鯨業の誕生以来四〇〇年にわたる盛衰の社会的背景をさぐる。四六判３１４頁 '04

120-II 捕鯨II　山下渉登
近代捕鯨の登場により鯨資源の激減を招き、捕鯨の規制・管理のための国際条約締結に至る経緯をたどり、グローバルな課題としての自然環境問題を浮き彫りにする。四六判３１２頁 '04

121 紅花（べにばな）　竹内淳子
栽培、加工、流通、利用の実際を現地に探訪して紅花とかかわってきた人々からの聞き書きを集成し、忘れられた〈紅花文化〉を復元しつつその豊かな味わいを見直す。四六判３４６頁 '04

122-I もののけI　山内昶
日本の妖怪変化、未開社会の〈マナ〉、西欧の悪魔やデーモンを比較考察し、名づけ得ぬ未知の対象を指す万能のゼロ記号〈もの〉をめぐる人類文化史を跡づける博物誌。四六判３２０頁 '04

122-Ⅱ **もののけⅡ** 山内昶

日本の鬼、古代ギリシアのダイモン、中世の異端狩り・魔女狩り等々をめぐり、自然＝カオスと文化＝コスモスの対立の中で〈野生の思考〉が果たしてきた役割をさぐる。四六判２８０頁 '04

123 **染織**（そめおり） 福井貞子

自らの体験と厖大な残存資料をもとに、糸づくりから織り、染めにわたる手づくりの豊かな生活文化を見直す。創意にみちた手わざのかずかずを復元する庶民生活誌。四六判２９４頁 '05

124-Ⅰ **動物民俗Ⅰ** 長澤武

神として崇められたクマやシカをはじめ、人間にとって不可欠の鳥獣や魚、さらには人間を脅かす動物など、多種多様な動物たちと交流してきた人々の暮らしの民俗誌。四六判２６４頁 '05

124-Ⅱ **動物民俗Ⅱ** 長澤武

動物の捕獲法をめぐる各地の伝承を紹介するとともに、全国で語り継がれてきた多彩な動物民話・昔話を渉猟し、暮らしの中で培われた動物フォークロアの世界を描く。四六判２６６頁 '05

125 **粉**（こな） 三輪茂雄

粉体の研究をライフワークとする著者が、粉食の発見からナノテクノロジーまで、人類文明の歩みを〈粉〉の視点から捉え直した壮大なスケールの〈文明の粉体史観〉 四六判３０２頁 '05

126 **亀**（かめ） 矢野憲一

浦島伝説や「兎と亀」の昔話によって親しまれてきた亀のイメージの起源を探り、古代の亀卜の方法から、亀にまつわる信仰と迷信、鼈甲細工やスッポン料理におよぶ。四六判３３０頁 '05

127 **カツオ漁** 川島秀一

一本釣り、カツオ漁場、船上の生活、船霊信仰、祭りと禁忌など、カツオ漁にまつわる漁師たちの伝承を集成し、黒潮に沿って伝えられた漁民たちの文化を掘り起こす。四六判３７０頁 '05

128 **裂織**（さきおり） 佐藤利夫

木綿の風合いと強靭さを生かした裂織の技と美をすぐれたリサイクル文化として見なおす。東西文化の中継地・佐渡の古老たちからの聞書をもとに歴史と民俗をえがく。四六判３０８頁 '05

129 **イチョウ** 今野敏雄

「生きた化石」として珍重されてきたイチョウの生い立ちと人々の生活文化とのかかわりの歴史をたどり、この最古の樹木に秘められたパワーを最新の中国文献にさぐる。四六判３１２頁〔品切〕 '05

130 **広告** 八巻俊雄

のれん、看板、引札からインターネット広告までを通観し、いつの時代にも広告が人々の暮らしと密接にかかわって独自の文化を形成してきた経緯を描く広告の文化史。四六判２７６頁 '06

131-Ⅰ **漆**（うるし）**Ⅰ** 四柳嘉章

全国各地で発掘された考古資料を対象に科学的解析を行ない、縄文時代から現代に至る漆の技術と文化を跡づける試み。漆が日本人の生活と精神に与えた影響を探る。四六判２７４頁 '06

131-Ⅱ **漆**（うるし）**Ⅱ** 四柳嘉章

遺跡や寺院等に遺る漆器を分析し体系づけるとともに、絵巻物や文学作品の考証を通じて、職人や産地の形成、漆工芸の地場産業としての発展の経緯などを考察する。四六判２１６頁 '06

132 **まな板** 石村眞一
日本、アジア、ヨーロッパ各地のフィールド調査と考古・文献・絵画・写真資料をもとにまな板の素材・構造・使用法を分類し、多様な食文化とのかかわりをさぐる。 四六判372頁 '06

133-I **鮭・鱒**（さけ・ます）**I** 赤羽正春
鮭・鱒をめぐる民俗研究の前史から現在までを概観するとともに、原初的な漁法から商業的漁法にわたる多彩な漁法と用具、漁場と社会組織の関係などを明らかにする。 四六判292頁 '06

133-II **鮭・鱒**（さけ・ます）**II** 赤羽正春
鮭漁をめぐる行事、鮭捕り衆の生活等を聞き取りによって再現し、人工孵化事業の発展とそれを担った先人たちの業績を明らかにするとともに、鮭・鱒の料理におよぶ。 四六判352頁 '06

134 **遊戯** その歴史と研究の歩み 増川宏一
古代から現代まで、日本と世界の遊戯の歴史を概説し、内外の研究者との交流の中で得られた最新の知見をもとに、研究の出発点と目的を論じ、現状と未来を展望する。 四六判296頁 '06

135 **石干見**（いしひみ） 田和正孝編
沿岸部に石垣を築き、潮汐作用を利用して漁獲する原初的漁法を日・韓・台に残る遺構と伝承の調査・分析をもとに復元し、東アジアの伝統的漁撈文化を浮彫りにする。 四六判332頁 '07

136 **看板** 岩井宏實
江戸時代から明治・大正・昭和初期までの看板の歴史を生活文化史の視点から考察し、多種多様な生業の起源と変遷を多数の図版をもとに紹介する〈図説商売往来〉。 四六判266頁 '07

137-I **桜I** 有岡利幸
そのルーツと生態から説きおこし、和歌や物語に描かれた古代社会の桜観から「花は桜木、人は武士」の江戸の花見の流行まで、日本人と桜のかかわりの歴史をさぐる。 四六判382頁 '07

137-II **桜II** 有岡利幸
明治以後、軍国主義と愛国心のシンボルとして政治的に利用されてきた桜の近代史を辿るとともに、日本人の生活と共に歩んだ「咲く花、散る花」の栄枯盛衰を描く。 四六判400頁 '07

138 **麴**（こうじ） 一島英治
日本の気候風土の中で稲作と共に育まれた麴菌のすぐれたはたらきの秘密を探り、醸造化学に携わった人々の足跡をたどりつつ醱酵食品と日本人の食生活文化を考える。 四六判244頁 '07

139 **河岸**（かし） 川名登
近世初頭、河川水運の隆盛と共に物流のターミナルとして賑わい、船旅や遊廓などをもたらした河岸（川の港）の盛衰を河岸に生きる人々の暮らしの変遷としてえがく。 四六判300頁 '07

140 **神饌**（しんせん） 岩井宏實／日和祐樹
土地に古くから伝わる食物を神に捧げる神饌儀礼に祭りの本義を探り、近畿地方主要神社の伝統的儀礼をつぶさに調査して、豊富な写真と共にその実際を明らかにする。 四六判374頁 '07

141 **駕籠**（かご） 櫻井芳昭
その様式、利用の実態、地域ごとの特色、車の利用を抑制する交通政策との関連から駕籠かきたちの風俗までを明らかにし、日本交通史の知られざる側面に光を当てる。 四六判294頁 '07

142 追込漁（おいこみりょう） 川島秀一
沖縄の島々をはじめ、日本各地で今なお行なわれている沿岸漁撈を実地に精査し、魚の生態と自然条件を知り尽した漁師たちの知恵と技を見直しつつ漁業の原点を探る。四六判368頁 '08

143 人魚（にんぎょ） 田辺悟
ロマンとファンタジーに彩られて世界各地に伝承される人魚の実像をもとめて東西の人魚誌を渉猟し、フィールド調査と膨大な資料をもとに集成したマーメイド百科。四六判352頁 '08

144 熊（くま） 赤羽正春
狩人たちからの聞き書きをもとに、かつては神として崇められた熊と人間との精神史的な関係をさぐり、熊を通して人間の生存可能性にもおよぶユニークな動物文化史。四六判384頁 '08

145 秋の七草 有岡利幸
『万葉集』で山上憶良がうたいあげて以来、千数百年にわたり秋を代表する植物として日本人にめでられてきた七種の草花の知られざる伝承を掘り起こす植物文化誌。四六判306頁 '08

146 春の七草 有岡利幸
厳しい冬の季節に芽吹く若菜に大地の生命力を感じ、春の到来を祝い新年の息災を願う「七草粥」などとして食生活の中に巧みに取り入れてきた古人たちの知恵を探る。四六判272頁 '08

147 木綿再生 福井貞子
自らの人生遍歴と木綿を愛する人々との出会いを織り重ねて綴り、優れた文化遺産としての木綿衣料を紹介しつつ、リサイクル文化としての木綿再生のみちを模索する。四六判266頁 '09

148 紫（むらさき） 竹内淳子
今や絶滅危惧種となった紫草（ムラサキ）を育てる人びと、伝統の紫根染を今に伝える人びとを全国にたずね、貝紫染の始原を求めて吉野ヶ里におよぶ「むらさき紀行」。四六判324頁 '09